3.2.1 Q版火焰特效

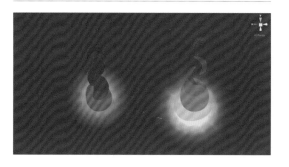

3.2.2 写实火焰特效

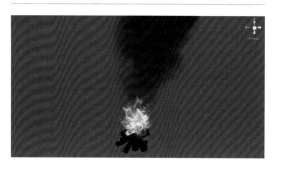

4.1.1 冬日漫雪特效

4.1.2 阴雨绵绵特效

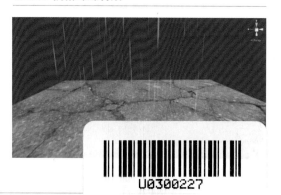

4.2 喷泉特效案例讲解　特效展示视频/喷泉特效.avi

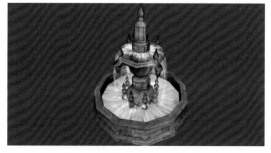

6.1 buff类特效案例讲解——防护盾牌特效　特效展示视频/防护盾牌.avi

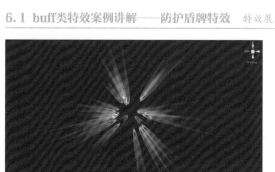

6.2 debuff类特效案例讲解——毒球循环特效　特效展示视频/毒球循环.avi

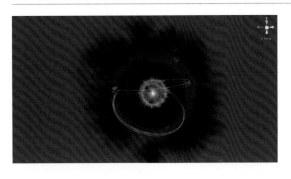 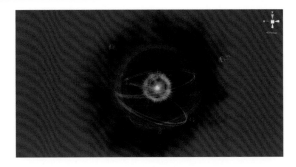

7.2 陨石爆炸特效案例讲解　特效展示视频/陨石爆炸.avi

 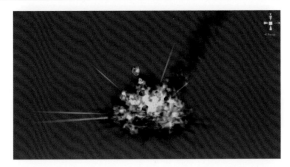

8.2 徒手三连击特效案例讲解　特效展示视频/徒手三连击.avi

8.3 但丁暴怒动作特效案例讲解　特效展示视频/但丁暴怒.avi

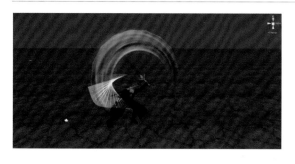 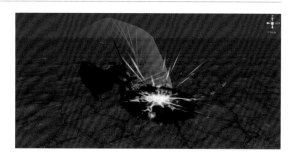

8.4 旋风打击特效案例讲解　特效展示视频/旋风打击.avi

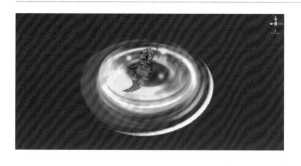 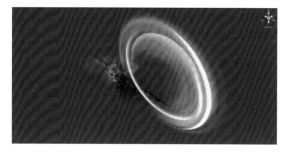

9.2 万里冰封特效案例讲解　特效展示视频/万里冰封.avi

9.3 龙卷风特效案例讲解　特效展示视频/龙卷风.avi

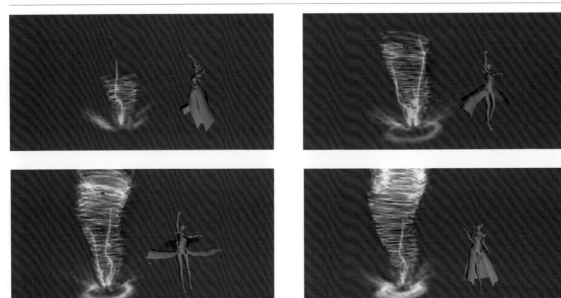

9.4 火焰气波特效案例讲解

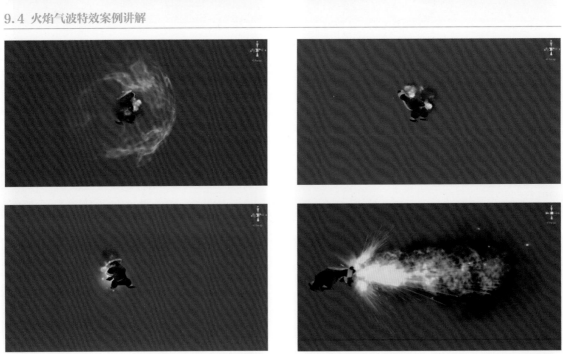

完美讲堂

Unity3D

游戏特效设计实战教程

李梁 编著

人民邮电出版社

北京

图书在版编目（ＣＩＰ）数据

完美讲堂Unity3D游戏特效设计实战教程 / 李梁编著
. -- 北京 ：人民邮电出版社，2017.11（2023.12重印）
ISBN 978-7-115-45537-6

Ⅰ．①完… Ⅱ．①李… Ⅲ．①游戏程序－程序设计－
教材 Ⅳ．①TP311.5

中国版本图书馆CIP数据核字(2017)第141301号

内 容 提 要

　　这是一本全面介绍 Unity3D 游戏特效设计制作的图书，内容由浅入深，以游戏行业中常见的特效为例，操作步骤细致、叙述简练易懂，详细讲解游戏特效的制作流程，并拓展同类型特效的制作思路。

　　全书共 9 章，主要介绍了 Unity3D 的基础操作、粒子系统的进阶学习、Unity3D 场景特效分析与讲解、3ds Max 的基础操作、粒子系统的深入学习、物理攻击特效案例、法术攻击特效案例等知识，并通过精选案例对所学知识加以巩固，锻炼实际操作能力。

　　本书附带教学资源，包括所有案例的工程文件和场景文件，方便读者学习使用。

　　本书适合欲从事游戏特效设计制作的初、中级读者阅读，同时也可以作为相关教育培训机构的教材。

　　◆ 编　　著　李　梁
　　　　责任编辑　张丹阳
　　　　责任印制　陈　犇
　　◆ 人民邮电出版社出版发行　　北京市丰台区成寿寺路 11 号
　　　　邮编　100164　　电子邮件　315@ptpress.com.cn
　　　　网址　https://www.ptpress.com.cn
　　　　涿州市般润文化传播有限公司印刷
　　◆ 开本：880×1230　1/20　　　　彩插：2
　　　　印张：14.2　　　　　　　　　2017 年 11 月第 1 版
　　　　字数：461 千字　　　　　　　2023 年 12 月河北第 9 次印刷

定价：89.00 元
读者服务热线：(010)81055410　印装质量热线：(010)81055316
反盗版热线：(010)81055315
广告经营许可证：京东市监广登字 20170147 号

INTRODUCTION

前言

Unity3D是由Unity Technologies开发的一个让玩家轻松创建诸如三维视频游戏、建筑可视化、实时三维动画等类型互动内容的综合型游戏开发工具，是一个全面整合的专业游戏引擎。

Unity是与Director、Blender Game Engine、Virtools 或 Torque Game Builder等利用交互的图形化开发环境为首要方式类似的软件。Unity3D的编辑器运行在Windows 和Mac OS X下，可发布游戏至Windows、Mac、Wii、iPhone、WebGL（需要HTML5）、Windows Phone 和Android平台。也可以利用Unity Web Player插件发布网页游戏，支持Mac和Windows的网页浏览，并且Unity3D的网页播放器也被Mac Widgets所支持。

Unity3D上手容易、授权费用低、市场份额高、教学内容丰富并且支持各种插件，因此深受游戏开发人员的喜爱，成为业界中的佼佼者。

本书共9章，多以案例为主，主要内容如下。

第1章：什么是Unity3D。主要介绍游戏特效的发展、Unity3D的起源与学习中的注意事项，最后还详细讲解了Unity3D的安装过程。

第2章：Unity3D的基础操作。主要介绍Unity3D的基础界面以及如何建立和操作粒子系统的知识。

第3章：粒子系统的进阶学习。主要介绍Unity3D特效粒子系统的参数知识，以及如何制作Q版火焰和写实版火焰的特效。

第4章：Unity3D场景特效分析与讲解。主要介绍如何制作一些简单的场景特效，进而熟悉Unity3D的参数调节。

第5章：3ds Max的基础操作。主要介绍3ds Max的基础操作，为在Unity3D里进行简易的模型制作做准备。

第6章：Unity3D与3ds Max的基础配合。主要介绍Unity3D和3ds Max的基础配合，讲解buff与debuff类的特效。

第7章：粒子系统的深入学习。本部分是对粒子系统的深入学习，主要介绍粒子参数中的碰撞与繁衍。这些效果都是在以后制作的特效中经常运用的。

第8章：物理攻击特效案例。主要介绍什么是物理攻击特效，从而学习物理特效的制作方法。

第9章：法术攻击特效案例。主要介绍什么是法术攻击特效，从而学习法术特效的制作方法。

本书附赠教学资源，扫描"资源下载"验证码即可获得下载方法。

本书由李梁主编，另外张晋也参与了本书的编写工作，在此表示感谢。由于编者水平有限，书中难免有疏漏与不妥之处，恳请读者批评指正。

资 源 下 载

编者

2017年9月

CONTENTS
目 录

Next

本章导读

　　现在游戏产业发展异常迅猛，端游的崛起、上市热潮的到来、网页游戏的快速发展、游戏制作公司的大量涌现，使得游戏人才的需求量一升再升。欢迎大家来到Untiy3D游戏特效教程，本章的主要内容是了解游戏特效的作用，游戏特效与Unity3D的关系，以及对Unity3D特效的发展趋势和后期学习需要注意的事项。。

　　学习要点：

　　认识游戏特效与Unity3D

第 **1** 章

什么是Unity3D

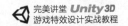

1.1 游戏特效

1.1.1 什么是游戏特效

游戏中的特殊效果,给人们带来的最直接的感受就是游戏中的光影效果等,如图1-1和图1-2所示。游戏特效是游戏中具体体现的效果,例如,人物的刀光、对打产生的火花、爆炸的烟雾、燃烧的火苗以及水流的质感等。

图1-1

图1-2

1.1.2 游戏特效的作用

在游戏制作领域中,游戏特效作为游戏中的一个组成部分,起到了关键性的作用。游戏特效主要分为场景特效、UI特效和人物技能特效。场景特效主要表现出游戏中的氛围,是整个游戏环境的灵魂,能影响玩家的情绪感觉;UI特效能很好地引导玩家;人物技能特效能给玩家一种酷炫、绚丽的视觉。

游戏中存在着大量的特效运用,各种令人目眩的光影效果常常能给人留下深刻的印象。在游戏中,通过操纵角色施展出各种必杀技或魔法时,其绚丽的效果能给玩家带来莫大的成就感。游戏特效在游戏中起到的作用可以总结为以下3点。

第1点:在产品宣传推广中有推波助澜的效果。

第2点:特效起着提高产品美术水准,烘托氛围的作用。

第3点:吸引玩家眼球,增加战斗体验,促进玩家互动。

1.1.3 游戏特效师需具备的技能

游戏特效师需要掌握特效的制作流程和技巧,包括Flash特效课程、特效贴图制作、3ds Max三维特效制作、2D游戏特效以及Unity3D特效引擎等内容。学习这些特效课程是为了使学员掌握次世代游戏、网游、页游和手机游戏等平台游戏特效的制作思路与技巧,并在实践中全面了解游戏特效项目的制作流程、行业规范和制作标准。

1.2 游戏特效与Unity3D

Unity3D简称U3D，是一款3D游戏制作引擎，可以用来开发跨平台的产品。比起其他3D游戏引擎，Unity3D更加简单易掌握，因此很多制作人在游戏制作过程中，感觉像是在玩游戏，像是在创造世界。

1.2.1 Unity3D的起源

Unity3D是由Unity Technologies开发的一个多平台的综合型游戏开发工具，可以让制作人轻松地创建诸如三维视频游戏、建筑可视化和实时三维动画等类型互动内容。

1.2.2 Unity3D为什么这么火

目前各个平台的游戏开发几乎没有通用性，开发iPhone上的游戏需要Objective C；开发Android上的游戏大多用Java；开发Windows Phone上的游戏用C#等。如何只通过一种计算机语言就能开发出跨越多个平台的游戏呢？Unity3D使用底层Mono技术实现了真正的跨平台，而Mono是基于NET框架开发的，让人们使用一种语言就可以开发出基于各种平台的游戏，包括手机游戏（iPhone、Android、Windows Phone）、PC游戏（Windows、Mac、Linux）、网页游戏（基于各种主流浏览器）以及游戏机专用游戏（Wii、Xbox360、PS3）。

1.3 Unity3D特效发展趋势以及后期学习注意事项

1.3.1 未来游戏市场普遍呈现3D化

以手游市场为例，目前3D游戏占比达到80%，虽然还有不少的2D游戏存在，但随着终端设备性能的提升和客户需求的增加，游戏市场最终会进入到全面的3D化时代。Unity3D课程可以使学习者直接进入到3D游戏的开发领域，成为就业市场的宠儿，同时Unity3D也推出了开发2D游戏的插件，可以使学习者从现在到未来都立于不败之地。

1.3.2 学习的注意事项

首先要从基础开始学习,在熟悉Unity3D操作界面的基础参数后,再来学习如何运用基础参数来做游戏特效。当然,学习游戏特效注重的是兴趣,有了兴趣才会有发展,所以首先要培养学习的兴趣。

> **提示**
>
> 在学习游戏特效时,需要注意以下4点。
>
> 第1点:特效色彩设定与动画规律。
>
> 第2点:游戏色彩理论与实践,主要掌握色彩规律、配色的明暗关系、层次感。
>
> 第3点:特效动画原理与运动规律,动画原理对于特效表现的重要性。
>
> 第4点:游戏特效设定思路分析。

1.4 Unity3D的安装

根据项目或者个人的需要,可以通过购买光盘,或者通过网络渠道获得相应版本的Unity 3D的安装程序。各版本安装流程大同小异,本书使用Unity3D 4.3.4 版本作为介绍工具。下面通过实际的操作步骤,来介绍Unity3D的安装方法。

关闭其他程序,以保证安装顺利,然后双击安装程序,如图1-3所示。接着在打开的Unity 4.3.4f1 Setup对话框中单击Next(下一步)按钮,如图1-4所示。

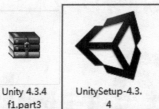

图1-3

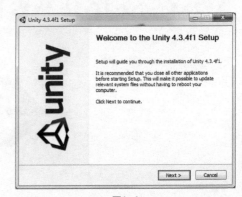

图1-4

在阅读完协议后单击I Agree(我同意)按钮,如图1-5所示。然后选择要安装的组件(一般默认全选即可),接着单击Next(下一步)按钮,如图1-6所示。

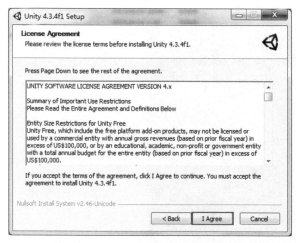

图1-5

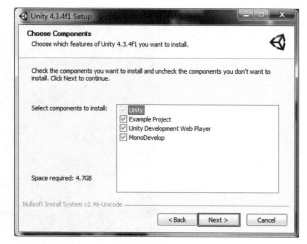

图1-6

单击Browse（浏览）按钮选择安装的路径，单击Install（安装）按钮开始安装，如图1-7所示。安装完成后单击Finish（完成）按钮，如图1-8所示。

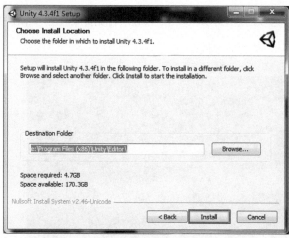

图1-7

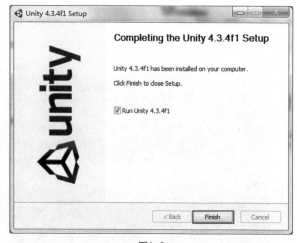

图1-8

此时，在打开的对话框中提示没有许可证，单击Re-activate（重新激活）按钮进行注册，如图1-9所示。

在License（许可证）对话框中有两种注册方式，一种是Activate Unity Pro（激活Unity专业版），另一种是Activate the free version of Unity（激活Unity免费版）。选择Activate Unity Pro（激活Unity专业版）选项，然后输入购买的序列号即可激活Unity专业版，如图1-10所示。

图1-9

图1-10

如果选择Activate the free version of Unity（激活Unity免费版）选项，则单击OK（确定）按钮进行免费版注册，如图1-11所示。然后输入个人的Unity账号，单击OK（确定）按钮即可完成注册，如图1-12所示。

图1-11 　　　　　　　　　　　　　　　　　　图1-12

💡 提示

如果没有Unity账号，可以单击图1-12中的Create Account（创建账号）按钮注册Unity账号。

注册完成后，对话框会列出若干个问题，如图1-13所示，可根据个人的情况回答，回答完后注册完毕。单击Start using Unity（开始使用Unity）按钮，如图1-14所示。此时，会打开Unity的启动画面，如图1-15所示。

图1-13

图1-14

图1-15

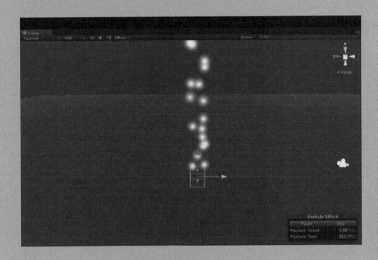

第 **2** 章

Unity3D的基础操作

本章导读

欢迎大家来到Unity3D游戏特效教程，本章主要学习Unity3D的基础界面以及如何建立和操作粒子系统。

学习要点：

了解U3D的基础界面

认识粒子系统及材质球的运用

2.1 Unity3D的基本界面介绍

启动Unity3D。 Unity3D的界面主要由5个区域组成，如图2-1所示。

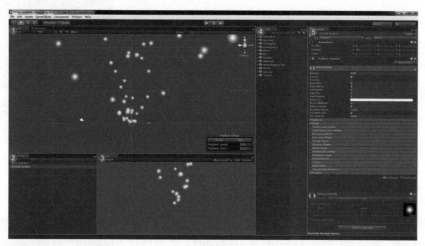

图2-1

区域❶：Scene（场景）视图，构建游戏的地方。

区域❷：Hierarchy（资源）视图，场景中的游戏对象都列在这里。

区域❸：Game（游戏）视图，用于演示的窗口，仅在播放模式中演示。

区域❹：Project（工程目录）视图，一些资源的列表，和库的概念一样。

区域❺：Inspector（检测）面板，当前选中的资源或对象的设置，是一些变量和组件的集合。

2.1.1 Unity3D基础界面中的各个视图

认识Unity3D基础界面的各个视图是为了在以后的操作过程中，能明白各个视图的作用以及更好地运用视图中的参数。

1.Scene（场景）视图

图2-2所示的视图为Unity3D的编辑窗口。可以将模型、灯光以及其他材质对象拖入该场景窗口进行编辑，以构建游戏中所能呈现的景象。

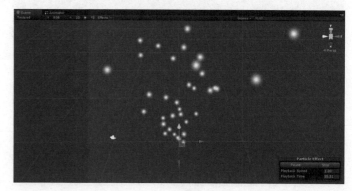

图2-2

2.Hierarchy（资源）视图

图2-3所示的视图用来显示放在场景面板中的所有物体对象。

3.Game（游戏）视图

图2-4所示的视图与场景视图不同，该视图是用来渲染场景窗口中的景象。该视图显示的是游戏运行过程中将看到的场景，如果平移或者旋转场景的主相机，可看到游戏视图的变化。该视图不能进行编辑操作，但可以呈现完整的动画效果。

4.Project（工程目录）视图

图2-5所示的视图主要用来显示该项目文件中的所有资源列表，除了常用的模型、材质和动画等以外，还包括该项目的各个场景文件。

5.Inspector（检测）面板

图2-6所示的视图用来显示对象的固有属性，包括三维坐标、旋转值、缩放大小、脚本的变量和对象等。在Unity3D中，一定要对坐标有所了解，Unity3D的坐标点是以X、Y、Z轴的顺序排列的，熟悉坐标能够让学习者在制作游戏特效的过程中更加顺手。

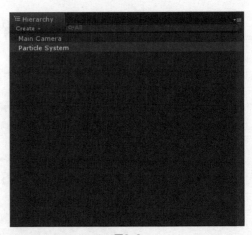

图2-3

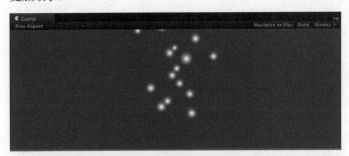

图2-4

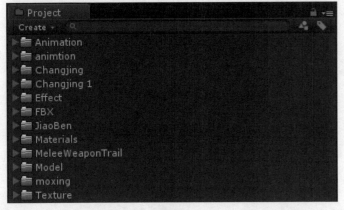

图2-5

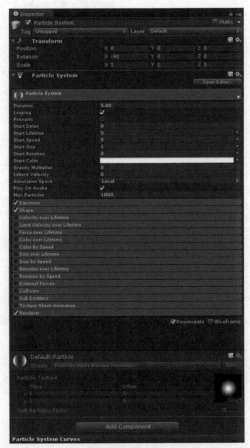

图2-6

提示

在基础界面右上角，单击Layout（布局）下拉菜单，其中提供了几个不同的基本布局，了解不同视图的重要性后，也可以根据自己的喜好来自定义布局。自定义布局，需要分割和组合视图。设置完自己喜欢的布局后单击Save Layout（保存布局）命令即可保存当前的界面布局，如图2-7所示。

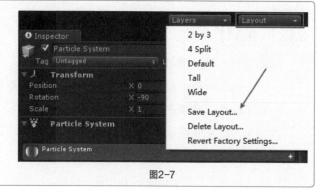

图2-7

2.1.2 菜单栏

菜单栏共有7个菜单，分别是File（文件）、Edit（编辑）、Assets（资源）、GameObject（游戏对象）、Component（组件）、Window（窗口）和Help（帮助）菜单，如图2-8所示。熟悉这些菜单的每个命令对以后的游戏特效制作有很大的帮助。

File Edit Assets GameObject Component Window Help

图2-8

1.File（文件）

File（文件）菜单包含10个命令，如图2-9所示。

New Scene（新建场景）：选择该命令，可以新建一个场景。

Open Scene（打开场景）：选择该命令，可以打开任何一个之前建立的场景。

Save Scene（保存场景）：选择该命令，可以保存当前的场景。

Save Scene as（场景另存为）：选择该命令，可以把所编辑的场景另存为新的工程文件。

New Project（新建工程文件）：选择该命令，可以新建一个工程文件。

Open Project（打开工程文件）：选择该命令，可以打开创建的工程文件。

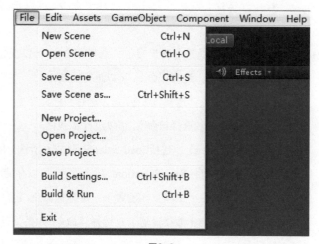

图2-9

Save Project（保存工程文件）：选择该命令，可以保存工程文件。

Build Settings（创建设置）：选择该命令，可以创建游戏设置。

Build & Run（创建并运行）：选择该命令，可以创建并运行游戏。

Exit（退出）：选择该命令，可以退出Unity3D。

2.Edit（编辑）

Edit（编辑）菜单包含21个子菜单和命令，如图2-10所示。

Undo Selection Change（撤销）：选择该命令，可以撤销你当前的编辑。

Redo（重复）：选择该命令，可以重复编辑。

Cut（剪切）：选择该命令，可以进行剪切。

Copy（拷贝）：选择该命令，可以进行拷贝。

Paste（粘贴）：选择该命令，可以进行粘贴。

Duplicate（复制）：选择该命令，可以复制并粘贴所选对象。

Delete（删除）：选择该命令，可以删除选择项。

Frame Selected（当前镜头移动到所选的物体前）：选择该命令，可以将当前镜头移动到所选的物体前。

Lock View to Selected（锁定视图选择）：选择该命令，可以锁定视图选择。

Find（查找）：选择该命令，可以查找。

Select All（选择全部）：选择该命令，可以选择全部，快捷键为Ctrl+A。

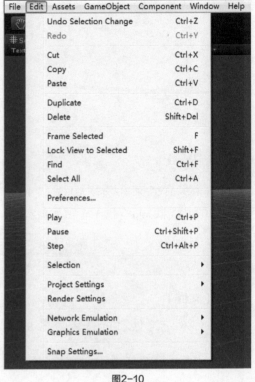

图2-10

Preferences（首选参数设置）：选择该命令，可以首选参数设置。

Play（播放）：选择该命令，可以进行播放。

Pause（暂停）：选择该命令，可以进行暂停。

Step（步骤）：选择该命令，可以进行步骤化。

Selection（选择）：包括Load Selection（载入所选）和Save Selection（存储所选）两个命令。其中Load Selection（载入所选）可以载入所选的项目；Save Selection（存储所选）可以存储所选的项目。

Project Settings（工程文件设置）：选择该命令，包含可执行文件EXE图标设置和画面抗锯齿功能设置等。

Render Settings（渲染设置）：选择该命令，如果觉得整体画面的色彩不尽如人意，可在此进行调节。

Network Emulation（网络仿真）：选择该命令，可选择相应的网络类型进行仿真。

Graphics Emulation（图形仿真）：选择该命令，主要是配合一些图形加速器的处理。

Snap Settings（对齐设置）：选择该命令，可进行对齐设置。

3.Assets（资源）

Assets（资源）菜单包含13个子菜单和命令，如图2-11所示。

Create（创建）：选择该命令，可以创建对象，包括文件夹、材质和脚本等。

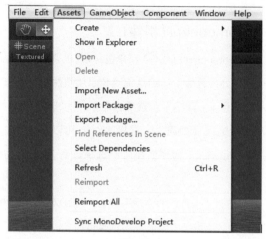

Show in Explorer（显示项目资源所在的文件夹）：选择该命令，可以显示项目资源所在的文件夹。

Open（打开）：选择该命令，可以打开资源文件夹。

Delete（删除）：选择该命令，可以删除文件夹。

Import New Asset（导入新的资源）：选择该命令，可以导入新的资源。

Import Package（导入资源包）：选择该命令，可以导入资源包。

图2-11

Export Package（导出资源包）：选择该命令，可以导出资源包。

Find Refercnces In Scene（在场景中查找引用）：查找当前场景中的引用。

Select Dependencies（选择相关）：选择该命令，可以选择相关文件。

Refresh（刷新）：选择该命令，可以进行刷新。

Reimport（重新导入）：选择该命令，可以重新导入相关文件。

Reimport All（重新导入所有）：选择该命令，可以重新导入所有文件。

Sync MonoDevelop Project（同步开发项目）：选择该命令，可以同步开发项目。

4.GameObject（游戏项目）

GameObject（游戏项目）菜单包含10个子菜单和命令，如图2-12所示。

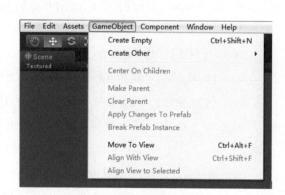

Create Empty（创建空对象）：选择该命令，可以创建一个空对象。

Create Other（创建其他组件）：选择该命令，可以创建其他组件。

Center On Children（子物体归位到父物体中心点）：选择该命令，可以将子物体归位到父物体中心点。

Make Parent（创建父级）：选择该命令，可以创建父级。

Clear Parent（取消父级）：选择该命令，可以取消父级。

图2-12

Apply Changes To Prefab（应用变更为预置）：选择该命令，可以应用变更为预置。

Break Prefab Instance（打破预设实例）：选择该命令，可以打破预设实例。

Move To View（移动物体到视窗的中心点）：选择该命令，可以移动物体到视窗的中心点。

Align With View（移动物体与视窗对齐）：选择该命令，可以移动物体与视窗对齐。

Align View to Selected（移动视窗与物体对齐）：选择该命令，可以移动视窗与物体对齐。

5.Component（组件）

Component（组件）菜单包含9个子菜单和命令，如图2-13所示。

Add（添加）：给选定对象添加组件。

Mesh（网格）：选择该命令，可以选择网格。

Effects（效果）：选择该命令，可以选择效果。

Physics（物理系统）：选择该命令，可使物体带有对应的物理属性。

Physics 2D（2D物理系统）：为2D对象添加物理属性。

Navigation（导航）：选择该命令，可以进行导航。

Audio（音频）：选择该命令，可创建声音源和声音的听者。

Rendering（渲染）：选择该命令，可以渲染出效果。

Miscellaneous（杂项）：选择该命令，杂项。

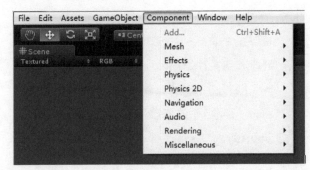

图2-13

6.Window（窗口）

Window（窗口）菜单包含19个子菜单和命令，如图2-14所示。

Next Window（下个窗口）：选择该命令，可以进行下个窗口操作。

Previous Window（前一个窗口）：选择该命令，可以进行前一个窗口操作。

Layouts（布局）：选择该命令，可以进行页面布局。

Scene（场景窗口）：选择该命令，可以显示场景窗口。

Game（游戏窗口）：选择该命令，可以显示游戏窗口。

Inspector（检视窗口）：选择该命令，这里主要指各个对象的属性。

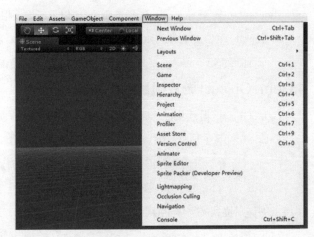

图2-14

Hierarchy（层次窗口）：选择该命令，可以显示层次窗口。

Project（工程窗口）：选择该命令，可以显示工程窗口。

Animation（动画窗口）：选择该命令，可以创建时间动画的面板。

Profiler（探查窗口）：选择该命令，可以显示探查窗口。

Asset Store（资源商店）：选择该命令，可以显示资源商店。

Version Control（版本管理）：选择该命令，可以显示版本管理。

Animator（动画设计）：选择该命令，可以显示动画窗口。

Sprite Editor（效果修改）：选择该命令，可以进行效果修改。

Sprite Packer（Developer Preview）（精灵包窗口）：选择该命令，可以设置精灵包窗口。

Lightmapping（光照映射）：选择该命令，可以光照映射。

Occlusion Culling（遮挡裁剪）：选择该命令，可以遮挡裁剪。

Navigation（导航）：选择该命令，可以进行导航。

Console（控制台）：选择该命令，可以进行对场景的控制。

7.Help（帮助）

Help（帮助）菜单包含12个子菜单和命令，如图2-15所示。

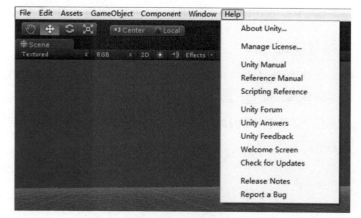

图2-15

About Unity（关于Unity）：选择该命令，可以查看关于Unity的介绍。

Manage License（管理许可证）：选择该命令，可以查看管理许可证。

Unity Manual（手册）：选择该命令，可以查看手册。

Reference Manual（参考手册）：选择该命令，可以查看参考手册。

Scripting Reference（脚本参考）：选择该命令，可以查看脚本参考。

Unity Forum（论坛）：选择该命令，可以查看软件论坛。

Unity Answers（回答）：选择该命令，可以进行回答。

Unity Feedback（意见反馈）：选择该命令，可以查看意见反馈。

Welcome Screen（欢迎窗口）：选择该命令，可以显示欢迎窗口。

Check for Updates（检查更新）：选择该命令，可以检查版本更新。

Release Notes（发行说明）：选择该命令，可以查看发行说明。

Report a Bug（问题反馈）：选择该命令，可以进行问题反馈。

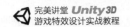

2.1.3 工具与按钮

在制作Unity3D游戏特效的过程中，一定要对面板上的各个按钮与工具有足够的了解与认识，这样才能更好地运用特效粒子。

1.场景调整工具

场景调整工具位于界面的左上方，如图2-16所示。这些工具可用来在场景视图中导航并操纵物体，可以在编辑过程中改变场景的视角、物体世界坐标和本地坐标的更换、物体法线中心，以及物体在场景中的坐标位置和缩放大小等。

平移：选择该命令，可以将窗口进行平移，可以配合鼠标滑轮或Alt键进行操作，快捷键为Q。

移动：选择该命令，可以将选中的粒子进行上下左右的移动，快捷键为W。

旋转：选择该命令，可以将选中的粒子进行旋转，快捷键为E。

缩放：选择该命令，可以将物体大小进行缩放，快捷键为R。

图2-16

2.播放按钮

播放按钮位于整个界面的正上方位置，如图2-17所示。这些按钮用来在游戏视图中播放、暂停和步进游戏特效。在构建场景的任一时刻，都可以进入播放模式。当场景在播放模式下时，可以移动、旋转和删除物体，也可以改变变量的设置，但在播放模式下所做的任何改变都是暂时的，并在退出播放模式后会重置设置。换句话说，播放模式下修改的任何参数都将在退出播放模式后恢复为原值。

图2-17

3.Camera（摄像机）

在File（文件）菜单里每建立一个New Scene（新的场景）时，都可以在Hierarchy（资源）视图里看到一个默认的Camera（摄像机）。Game（游戏）视图以Camera（摄像机）的视角来展示特效，Camera（摄像机）的Background（背景颜色）和Field of View（视野）属性经常用到。

Background（背景颜色）可以更改游戏视图里的背景颜色，为了使它在录屏时变得更好看一点，可以根据自己所制作的特效来配底色，如图2-18所示。

Field of View（视野）可以拉远或推进摄像机的镜头，如图2-19所示。如果要使Game（游戏）视图与Scene（场景）视图具有相同的视角效果，可以在Hierarchy（资源）视图下单击Camera（摄像机），然后按Ctrl+Shift+F快捷键。

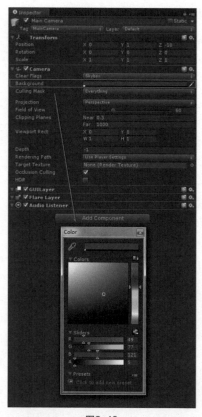

图2-18

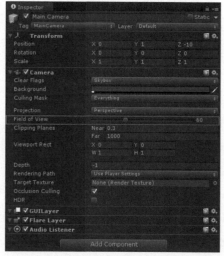

图2-19

2.2 Unity3D的粒子系统

粒子系统由一个一个很小的粒子构成,并带有一定的物理属性。在了解了Unity3D基础界面后,下面开始详细地介绍Unity3D粒子的创建以及参数的配合与应用。

2.2.1 Particle System(粒子系统)的创建

要学习粒子系统里的常用参数,首先要了解粒子是如何创建的。

1.在Hierarchy(资源)视图中创建

在Hierarchy(资源)视图中单击Create(创建)下拉菜单,可以创建粒子系统,如图2-20所示。

Particle System(粒子系统):选择该命令,可以创建一个新的粒子系统。

Camera(摄像机):选择该命令,可以创建一台摄像机。

GUI Text（图形用户界面）：选择该命令，可以创建图形用户界面。

GUI Texture（图形用户界面纹理）：选择该命令，可以创建图形用户界面纹理。

3D Text（三维文本）：选择该命令，可以创建一个三维文本。

Directional Light（方向灯）：选择该命令，可以创建一个方向灯。

Point Light（点光源）：选择该命令，可以创建一个点光源。

Spotlight（聚光灯）：选择该命令，可以创建一个聚光灯。

Area Light（区域灯）：选择该命令，可以创建一个区域灯。

Cube（立方体）：选择该命令，可以创建一个立方体。

Sphere（球）：选择该命令，可以创建一个球。

Capsule（胶囊）：选择该命令，可以创建一个胶囊。

Cylinder（缸）：选择该命令，可以创建一个缸。

Plane 平面（片）：选择该命令，可以创建一个平面（片）。

Quad（四边形）：选择该命令，可以创建墙面。

Sprite（精灵）：选择该命令，可以创建精灵。

Cloth（布）：选择该命令，可以创建布。

Audio Reverb Zone（音频混响区）：选择该命令，可以创建音频混响区。

Terrain（地形）：选择该命令，可以创建地形。

Ragdoll...（布娃娃）：选择该命令，可以创建布娃娃。

Tree（树）：选择该命令，可以创建树。

Wind Zone（风带）：选择该命令，可以创建风带。

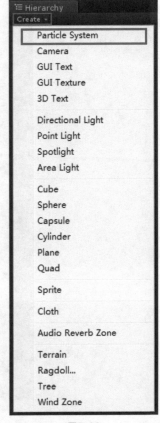

图2-20

执行完Particle System（粒子系统）命令后，可以在Scene（场景）视图和Game（游戏）视图中看到一个发射器发射粒子，如图2-21所示。

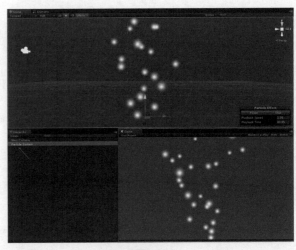

图2-21

在Hierarchy（资源）视图中选择Particle System（粒子系统），可以在Inspector（检视）视图中查看和设置Particle System（粒子系统）的参数，如图2-22所示。

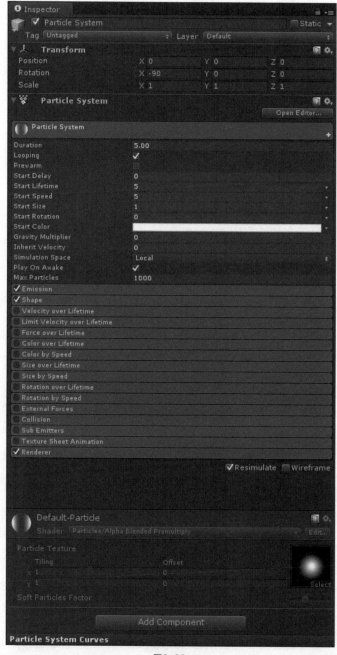

图2-22

2.在GameObject（游戏对象）菜单中创建

执行"GameObject（游戏对象）>Create Other（创建其他组件）>Particle System（粒子系统）"菜单命令可以创建Particle System（粒子系统），如图2-23所示。

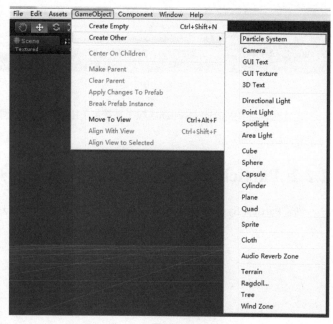

图2-23

3.在Component（组件）菜单中创建

执行"Component（组件）>Effects（效果）>Particle System（粒子系统）"菜单命令可以创建Particle System（粒子系统）。需要注意的是，如果事先没有创建一个空对象，是无法在此选择Particle System（粒子系统）的，如图2-24所示。

因此需要执行"GameObject（游戏项目）> Create Empty（创建空对象）"菜单命令创建一个空对象，也可以按快捷键Ctrl+Shift+N进行创建，如图2-25所示。

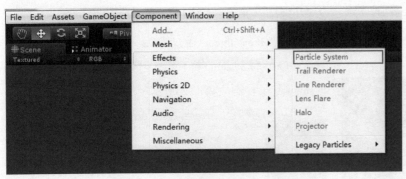

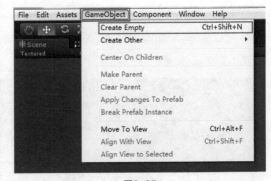

图2-24 图2-25

此方法创建的Particle System（粒子系统）在Hierarchy（资源）视图中显示的名字为GameObject（游戏对象），除此之外并无任何差异，如图2-26所示。

2.2.2 Particle System（粒子系统）属性的介绍

创建Particle System（粒子系统）后，可以在Inspector（检视）视图中设置其属性，如图2-27所示。

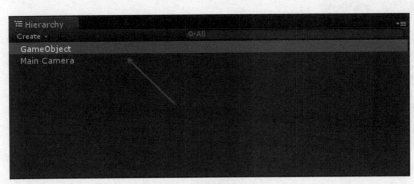

图2-26 图2-27

1.Transform（转换器）

在Transform（转换器）卷展栏中可以设置发射器的位置、方向和大小，如图2-28所示。

图2-28

Position（位置）：设置发射器在*X*、*Y*和*Z*轴的空间位置。

Rotation（旋转）：设置发射器的方向。

Scale（比例大小）：设置发射器的大小。

2.基础属性

Particle System（粒子系统）有很多基础属性，用来控制粒子生命、速度和受力影响等效果，如图2-29所示。

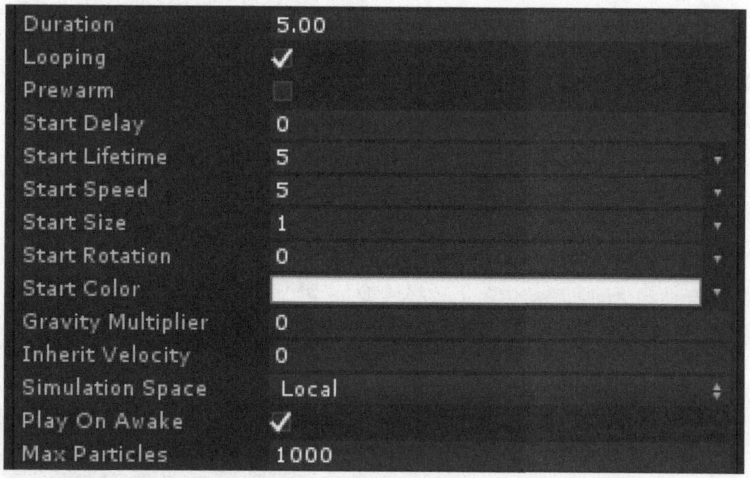

Duration	5.00
Looping	✓
Prewarm	☐
Start Delay	0
Start Lifetime	5
Start Speed	5
Start Size	1
Start Rotation	0
Start Color	
Gravity Multiplier	0
Inherit Velocity	0
Simulation Space	Local
Play On Awake	✓
Max Particles	1000

图2-29

Duration（持续时间）：在这个时间内粒子一直发射，超过这个时间粒子停止发射，该属性经常配合Start Lifetime（初始生命）属性使用。如果Duration（持续时间）太短，有可能粒子还没发射出来就结束了。

Looping（循环）：选择该选项粒子在周期时间内会处于循环状态。

Prewarm（预热）：在粒子播放之前就模拟播放，然后在粒子发射出来的那一刻，粒子状态就会显示出来。该选项只有在选择Looping（循环）选项后才能启用。

Start Delay（初始延迟）：推迟粒子的发射。Prewarm（预热）是在发射之前模拟发射，而Start Delay（初始延迟）是在正常开始发射的时候不发射，推迟一定时间发射。该属性只有在选择Prewarm（预热）选项后才能启用。

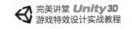

Start Lifetime(初始生命):粒子从出生显示到死亡消失所经历的时间,即粒子的生命。单击该属性后面的下拉菜单,可以设置不同的模式,如图2-30所示。

Constant(恒定常数):与发射的粒子生命值完全一样,生命数值是一个恒定值。

Curve(曲线):选择该模式后,在Inspector(检测)面板底部的Particle System Curves(粒子系统曲线)区域中,可以以曲线的方式来控制Start Lifetime(初始生命)属性,如图2-31所示。曲线的模式可以灵活地控制属性,得到丰富的效果。

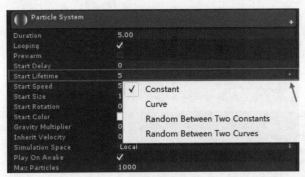

图2-30

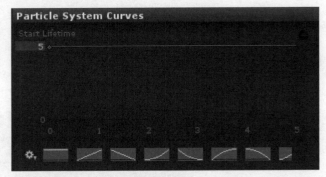

图2-31

Random Between Two Constants(两个常数之间的随机值):在两个常数之间取一个随机值,是模拟自然发生的一种随机效果,更符合视觉效果。

Random Between Two Curves(两曲线之间的随机值):该模式取曲线间的值。读者可以通过自定义曲线的形状来控制Start Lifetime(初始生命)的效果,如图2-32所示。

Start Speed(初始速度):设置粒子发射时的初始速度。

Start Size(初始大小):设置粒子发射时的尺寸大小。

Start Rotation(初始旋转):设置粒子发射时的数值。

Start Color(初始颜色):设置粒子的颜色变化。

Gravity Multiplier(调节重力):使粒子受到重力影响产生下落的效果。

Inherit Velocity(粒子速度的变换因素):设置粒子的继承速度。

Simulation Space(模拟空间):一种是Local(本地坐标);另一种是World(世界坐标)。本地坐标在拉动粒子时,发射出的粒子是

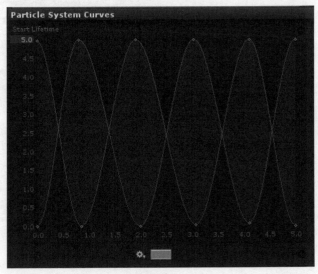

图2-32

跟着发射器进行移动的；而世界坐标在拉动粒子时，原来发射出的粒子保持原来的速度和方向即保持着原来的轨迹移动，这种特性可以用来制作拖尾效果，如陨石坠落时后面跟着的尾烟。

Play On Awake（激活状态）：控制特效是否还需要程序再激活一次。在制作特效时，要让它保持在一个激活的状态，因为特效在被调用时才可能显示出来，所以就默认现有的状态。

Max Particles（最大粒子数）：控制粒子的最大发射数量。

3.Emission（发射）

Emission（发射）卷展栏中的属性可以设置发射的速率和粒子的爆发状态，如图2-33所示。

Rate（速率）：控制每秒发射粒子的数量。

Bursts（爆开）：在特定时间里瞬间发射大量的粒子。

4.Shape（外形）

Shape（外形）卷展栏中的属性可以设置发射器的外形和大小等，如图2-34所示。

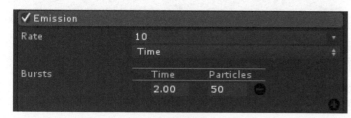

图2-33   图2-34

Shape（外形）：控制发射器的形状，包括Sphere（球形）、HemiSphere（半球形）、Cone（圆锥形）、Box（盒子）和Mesh（网格）5种。

Sphere（球形）：正常数值下的粒子是在球的表面向外进行发射，可以增大或缩小发射器的半径。当把粒子的Start Speed（初始速度）调为负值时，粒子是向内进行收缩的一个过程，这种效果在以后的案例中会运用到，如图2-35所示。

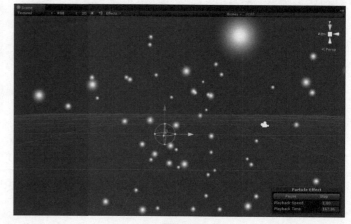

图2-35

HemiSphere（半球形）：该形状跟球形一样，正常数值下的粒子是在半球的表面向外进行的发射，可以增大或缩小它的半径，如图2-36所示。

Cone（圆锥形）：该形状是系统默认的发射方式，可以通过调节发射器的发射角度的大小和半径范围，调成圆柱形进行发射，如图2-37所示。

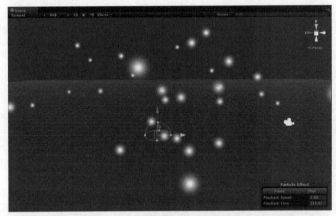

图2-36　　　　　　　　　　　　　　　　　图2-37

Box（盒子）：可以通过调节盒子的长、宽、高来扩大发射的区域，如图2-38所示。

Mesh（网格）：为发射器指定一个模型，让粒子按照这个模型的顶点、边和面进行发射，也可以选择Random Direction（随机的方向）进行发射，如图2-39所示。

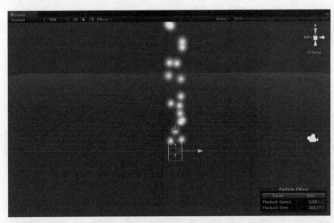

图2-38　　　　　　　　　　　　　　　　　图2-39

5.Velocity over Lifetime（粒子生命周期速度偏移模块）

Velocity over Lifetime（粒子生命周期速度偏移模块）卷展栏中的属性可以根据生命时间来控制粒子偏移，如图2-40所示。

图2-40

X/Y/Z：控制粒子偏移的方向。例如，当*X*为正值时，粒子会沿*X*轴的正方向偏移；若*X*为负值，那么粒子会沿*X*轴的负方向偏移。

6.Limit Velocity over Lifetime（粒子生命周期内限速模块）

Limit Velocity over Lifetime（粒子生命周期内限速模块）卷展栏中的属性可以限制粒子的发射速度，如图2-41所示。

Separate Axis（分离轴）：粒子没有轴向发。

Speed（速度）：粒子发射速度。

Dampen（阻力）：抑制粒子发射的速度。

图2-41

7.Force over Lifetime（力）

Force over Lifetime（力）卷展栏中的属性可以根据生命时间来控制粒子的运动速度，如图2-42所示。

图2-42

8.Color over Lifetime（颜色生命周期的变化）

Color over Lifetime（颜色生命周期的变化）卷展栏中的属性可以根据生命时间来控制粒子的颜色，如图2-43所示。跟Start Color（初始颜色）一样，Color over Lifetime（颜色生命周期的变化）的Color（颜色）属性也有4种模式可供选择调节，不同于Start Color（初始颜色）的是该属性可以调节透明度的变化，整个颜色从左边出生到右边消亡会经历颜色的变化，上面的色标是调节透明度的变化，而下面的色标是调节色彩的变化。例如，在制作烟雾效果时，通过透明度的变化可以让烟雾呈现一个淡入淡出的效果，让它看起来显得更自然一些，在后面的实例当中再具体讲解如何运用这个参数。

图2-43

9.Color by Speed（颜色随速度变化）

Color by Speed（颜色随速度变化）卷展栏中的属性可以根据颜色来控制粒子的速度，如图2-44所示。

Speed Range（速度范围）：设置速度的范围，使颜色根据该范围产生变化。

图2-44

10.Size over Lifetime（大小生命周期的变化）

Size over Lifetime（大小生命周期的变化）卷展栏中的属性可以根据生命周期来控制粒子的大小，如图2-45所示。

图2-45

11.Size by Speed（大小随速度的变化）

Size by Speed（大小随速度的变化）卷展栏中的属性可以根据粒子的速度来控制大小，如图2-46所示。

图2-46

12. Rotation over Lifetime（旋转生命周期的变化）

Rotation over Lifetime（旋转生命周期的变化）卷展栏中的属性可以根据生命周期来控制粒子的角度，如图2-47所示。

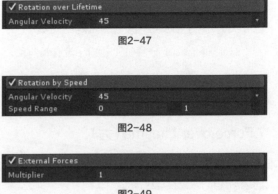

图2-47

13. Rotation by Speed（旋转随速度的变化）

Rotation by Speed（旋转随速度的变化）卷展栏中的属性可以根据粒子的速度来控制旋转，如图2-48所示。

图2-48

14. External Forces（外部因素）

External Forces（外部因素）卷展栏中的属性可以控制粒子受风带影响程度的缩放比例，如图2-49所示。

图2-49

15. Collision（碰撞）

Collision（碰撞）：卷展栏中的属性可以控制粒子的碰撞效果，如图2-50所示。碰撞有两种，一种是本地坐标中的碰撞，另一种是世界坐标里的碰撞，所有碰撞体都可以进行碰撞。

Planes（平面）：单击■按钮可以添加一个Planes（平面）属性，这时在场景视图里就会出现一个绿色的网格碰撞面板，在资源视图里的Particle System（粒子系统）下也会自动绑定一个Plane Transform 1（平面转换1），然后继续对下面的碰撞参数进行一个操作。

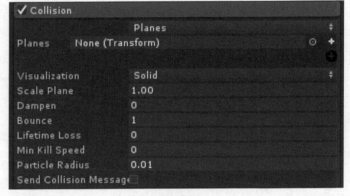

Visualization（可视化操作）：碰撞面板的格式有两种，一种是Grid（网格面板），另一种是Solid（固体面板）。

Scale Plane（碰撞面板的大小）：设置碰撞面板在场景视图里的显示大小。需要注意的是，碰撞面板的大小与碰撞体的大小没有太大的关系。

图2-50

Dampen（阻力）：当阻力为正值时，粒子将粘连到碰撞面板上；当阻力为负值时，粒子碰到面板后会反弹。

Bounce（反弹）：设置粒子在接触碰撞面板后的弹力。

Lifetime Loss（生命减少）：这个粒子碰到碰撞面板后以多大的阻力生存下去，如果生命进行衰减，粒子的生命也会减弱。

Min Kill Speed（粒子碰撞后的参数设定）：可以调整粒子碰撞后的参数。

Particle Radius（粒子半径的参数设定）：可以调整粒子半径参数。

Send Collision Messages（发送碰撞信息）：发送所碰撞的信息。

16. Sub Emitters（繁衍）

Sub Emitters（繁衍）卷展栏中的属性可以控制粒子的繁衍效果，如图2-51所示。

Birth（出生时的繁衍）：当粒子在出生时会产生另外一个粒子。

Collision（碰撞时的繁衍）：当粒子在碰撞时会产生下一个粒子，是无限循环的一个过程。

Death（死亡时的繁衍）：当粒子死亡时会产生下一个粒子。

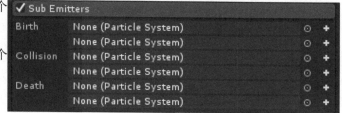

图2-51

17.Texture Sheet Animation（贴图的UV动画）

Texture Sheet Animation（贴图的UV动画）卷展栏中的属性可以在粒子存活期间使 UV 坐标产生动画效果，如图2-52所示。

18.Renderer（渲染）

Renderer（渲染）卷展栏中的属性可以控制粒子的渲染效果，如图2-53所示。

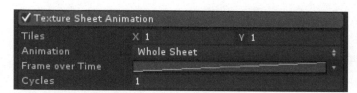

图2-52

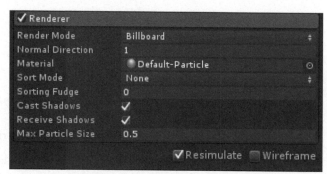

图2-53

Render Mode（渲染模式）：包括Billboard（公告栏的渲染）、Stretched Billboard（拉伸的渲染）、Horizontal Billboard（平行的渲染）、Vertical Billboard（垂直的渲染）和Mesh（模型的渲染)5种。

Material（材质）：可以在后面直接指定一个材质。

Sort Mode（渲染的排序）：包括None（默认的渲染模式）、By Distance（按移动距离的优先渲染）、Youngest First（年轻的、新发射出来的优先渲染）和Oldest First（老的将要逝去的优先渲染)4种。

Sorting Fudge（排序校正）：当给粒子的贴图后，想让这些贴图有一个层级的先后顺序时，可以在此进行调节。值越大，在越底层；值越小，如果是负值，贴图就会被优先渲染出来。

Max Particle Size（渲染粒子的大小）：粒子在默认情况下，会随着视角的远近产生变化。在拉近视角时，该值越大，粒子越不容易缩小。

2.2.3 贴图的导入

打开计算机，找到创建的Unity3D的Project（工程目录），目录中有一个Assets（文件夹），这个文件夹里的所有文件就是在Unity3D里所用到的文件，如Texture（贴图文件夹）、Effect（效果文件夹）、Animation（动画文件夹）和Materials（材质球文件夹），等。有些文件夹是系统自带的，而有些是需要自己去创建的，最重要的是要分类清楚，这样以后方便查找，最后把贴图资源复制在工程目录里即可，如图2-54所示。

图2-54

2.2.4 如何创建材质球

在Project（工程目录）视图中，执行"Create（创建）>Materials（材质）"命令可以创建材质，如图2-55所示。

创建好材质后，可以在Inspector（检视）视图中添加贴图，也可以设置着色器的方式，如图2-56所示。

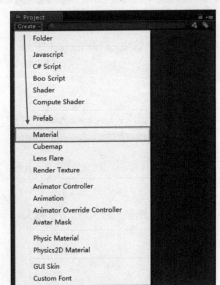

图2-55

图2-56

本
章
导
读

　　第2章讲的是Unity3D特效粒
子系统的参数知识，现在来讲制作
实例中粒子参数的进阶问题。在实
例中操作中我们可以更好地掌握粒
子参数的运用，使其表现出更好的
特效。

　学习要点：
　　制作Q版火焰特效
　　制作写实火焰特效

第 **3** 章

粒子系统的进阶学习

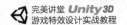

3.1 粒子系统的应用

在前期的学习过程中，读者可以通过不断的模仿，来练习使用Unity3D制作游戏特效。当积累了一定的经验后，就可以根据自己的想法去实现想要的效果。

接下来的实例中制作了两个版本的火焰效果，大家可以对比一下Q版火焰与写实火焰的区别，从而理解Q版特效与写实特效的制作区别和效果差异。

> **提示**
>
> 在Unity3D中建立的所有文件夹和所有材质的名字都必须是英文的，接下来案例的命名是为了教学方便，所以命名为"123"。但是在实际的工作中，名称一定要稍长一点，这样在程序工作中，才不会出现相同的命名，不然会出现错误。

3.2 火焰特效案例讲解

在制作特效的时候，首先要考虑整个游戏是以什么样的风格来制作的，如写实的特效和Q版的特效等。不同的风格会在游戏里产生不同的效果，所以在做特效的过程中，一定要保证风格的统一性，这样才能达到所预期的效果。

3.2.1 Q版火焰特效

Q版特效是一种偏于简单、可爱的卡通类型的特效，如图3-1所示。下面通过实际操作来讲解Q版火焰的特效是如何制作的。

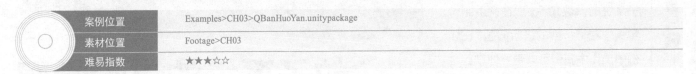

案例位置	Examples>CH03>QBanHuoYan.unitypackage
素材位置	Footage>CH03
难易指数	★★★☆☆

1.火焰燃烧的形态

步骤01 启动Unity3D，按快捷键Ctrl+Shift+N创建一个Game Object（游戏对象），然后按F2键将其命名为Huo，接着将它的参数全部归零，再创建一个Particle System（粒子系统）并设置名称为"1"，在Inspector（检测）面板中关闭粒子系统的Shape（外形）属性组，让粒子统一向上发射，效果如图3-2所示。

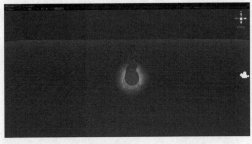

图3-1

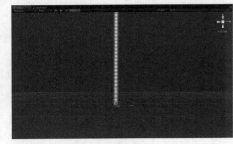

图3-2

▪**步骤02**▪ 给粒子系统指定"SlideBubblePRTSEQ.png"贴图，如图3-3所示。因为该文件是一个序列贴图，所以展开Texture Sheet Animation（贴图的UV动画）卷展栏，设置Tiles的*X*为2、*Y*为2，如图3-4所示。

图3-3

图3-4

▪**步骤03**▪ 给粒子赋予贴图以后，就要调节火焰的Start Lifetime（初始生命）属性。可以给Start Lifetime（初始生命）属性切换到 Random Between Two Constants（两个常数之间的随机值）模式，让粒子的生命有大有小地向上发射，如图3-5所示。

▪**步骤04**▪ 调节完初始的生命值后，可以根据自己想要的火焰大小，来调整Start Size（初始大小）属性。因为火焰燃烧升腾的过程是一个随机旋转的效果，而不是保持向上燃烧，所以可以在Start Rotation（初始旋转）属性里选择 Random Between Two Constants（两个常数之间的随机值）模式，然后设置0°~360°的随机旋转，如图3-6所示。

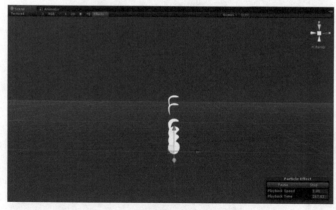

图3-5

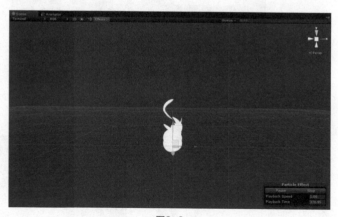

图3-6

▪**步骤05**▪ 为了使火焰的形态更加随机化时，可以调节Size over Lifetime（大小生命周期的变化）属性的Curve（曲线），如图3-7所示。让火焰在出生的时候变大，中间的时候缩小，消失的时候更小，使火焰的大小根据生命值产生有层次的变化，如图3-8所示。

▪**步骤06**▪ 调节完火焰的形态后，可以发现火焰的动态效果并不柔和。这时需要调节火焰的Color over Lifetime（颜色生命周期的变化）属性，使火焰具有淡入淡出的效果，如图3-9所示。

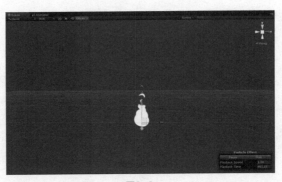

图3-7　　　　　　　　　　　　　图3-8　　　　　　　　　　　　　图3-9

▪步骤07▪ 设置完透明效果后，下面来设置火焰的颜色。火焰的颜色具有渐变效果，一般是由红、黄、橙色组成，因此可以设置通过多种颜色，使火焰的颜色具有层次感，如图3-10所示。效果如图3-11所示。

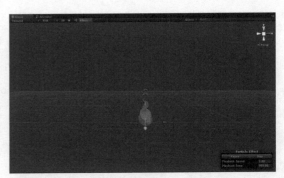

图3-10　　　　　　　　　　　　　　　　　图3-11

2.火的外焰

▪步骤01▪ 按快捷键Ctrl+D复制粒子1，然后将其重命名为"2"，接着为2重新指定贴图"M_T_LiZi_02.png"，如图3-12所示。因为

M_T_LiZi_02.png文件不是序列贴图，所以关闭Texture Sheet Animation（贴图的UV动画）属性组。为了使外焰在一个位置上发射，因此设置Start Speed（初始速度）为0，再将Start Size（初始大小）整体调大，使外焰的燃烧形态大于火焰，效果如图3-13所示。

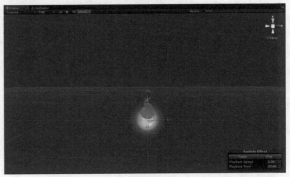

图3-12　　　　　　　　　　　　　　　图3-13

步骤02 展开外焰的Size over Lifetime（大小生命周期的变化）卷展栏，然后切换模式为Curve（曲线），接着调整曲线的形状，如图3-14所示。使外焰出生的时候大，中间的时候小，消失的时候再变大，产生来回放大缩小的效果。

步骤03 将Start Lifetime（初始生命）属性的模式切换为Constant（常量），然后展开Emission（发射）卷展栏，根据自己想要的数量来设置Rate（速率）属性，如图3-15所示。这样在场景视图里就可以看到外焰产生一闪一闪的效果。

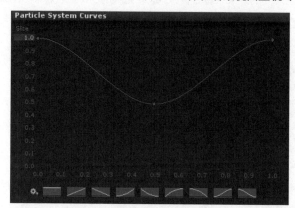

图3-14

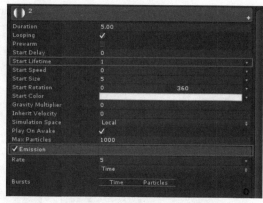

图3-15

步骤04 展开Color over Lifetime（颜色生命周期的变化）卷展栏，然后设置外焰的颜色，接着展开Renderer（渲染）卷展栏，设置Sorting Fudge（排序校正）为一个正值，如图3-16所示。

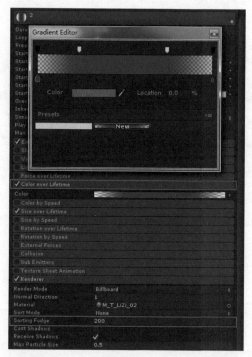

图3-16

3.火芯

■步骤01■ 按快捷键Ctrl+D复制粒子2，然后将其重命名为"3"，接着为3重新指定贴图"M_T_LiZi_42.png"，如图3-17所示。

■步骤02■ 设置火芯的Color over Lifetime（颜色生命周期的变化）、Emission（发射）、Start Lifetime（初始生命）、Start Size（初始大小）和Size over Lifetime（大小生命周期的变化）属性，可以根据自己想要的效果来进行修改，最终完成的Q版火焰效果如图3-18所示。

图3-17

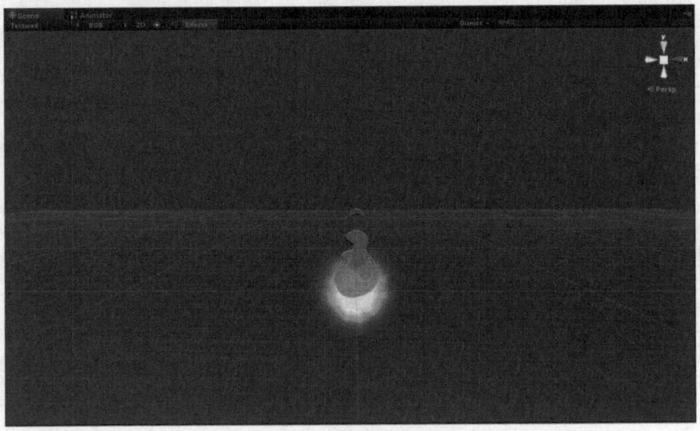

图3-18

> **提示**
>
> 当完成整个特效后，滚动鼠标滑轮近距离地观察特效效果时，如果粒子跟随滚轮发生变化，那么调节Max Particle Size（渲染粒子的大小）属性为1（或者更大），此时近距离观看特效就不会有粒子缩放的情况，如图3-19所示。

图3-19

■步骤03■ 可以根据自己的想法堆积更多粒子，使火焰更加有层次感，细节更加丰富。完成Q版火焰的特效后，在Project(工程目录)视图中创建一个文件夹，将其命名为"Effect"，然后在Hierarchy（资源）视图中把所做的特效拖曳到Effect文件夹里，然后保存当前场景。

3.2.2 写实火焰特效

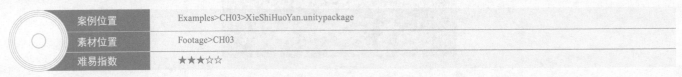

案例位置	Examples>CH03>XieShiHuoYan.unitypackage
素材位置	Footage>CH03
难易指数	★★★☆☆

写实火焰特效是根据现实生活中的现象来模拟出的真实特效，相对Q版火焰更为复杂，如图3-20所示。

图3-20

1.导入模型

在Project（工程目录）视图中导入gouhuo.FBX模型文件，然后将其拖曳到Scene（场景）视图中，接着设置模型的Position（位置）为0。如果模型在Scene（场景）视图里显示过小，可以在模型的Transform（转换器）卷展栏中修改Scale（比例大小）属性，如图3-21所示。

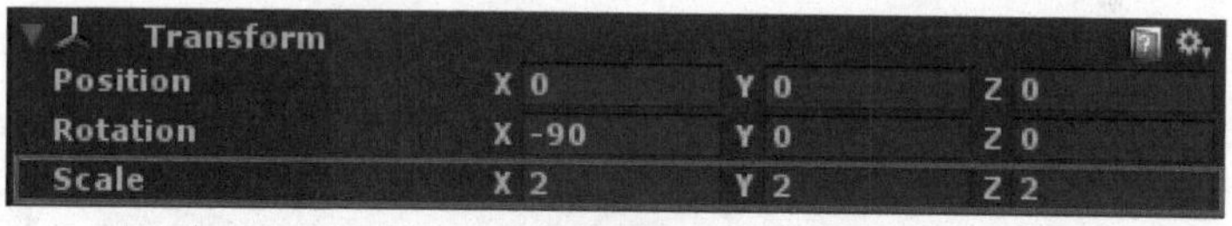

⚙ Transform					? ⚙
Position	X 0	Y 0		Z 0	
Rotation	X -90	Y 0		Z 0	
Scale	X 2	Y 2		Z 2	

图3-21

> **提示**
>
> 模型的比例大小可以在Transform（转换器）下的Scale（比例大小）属性里进行修改，但是粒子的比例大小是不能在上面进行修改的。即使修改了粒子的Scale（比例大小）属性，粒子也不会发生变化，并且在提交给程序时还有可能出现错误，所以切勿修改粒子的Scale（比例大小）属性。

2.火焰燃烧的形态

步骤01 按快捷键Ctrl+Shift+N在Assets（资源）视图里新建一个空集Game Object（游戏对象），在Transform（转换器）卷展栏中将Scale（比例大小）的*X*、*Y*、*Z*均设置为1，其他值的全部为0，然后作为父级，如图3-22所示。

步骤02 在Hierarchy（资源）视图的Ceate（创建）里建一个Particle System（粒子系统），然后将其重命名为"1"，接着把Transform（转换器）里的Position（位置）归零，最后将粒子1作为Game Object的子级，如图3-23所示。

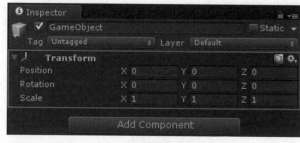

图3-22

图3-23

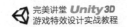

步骤03 为粒子系统指定"huo_xjl006x.tga"贴图,用来制作火焰的形态,如图3-24所示。

步骤04 将Start Rotation(初始旋转)的模式切换为Random Between Two Constants(两个常数之间的随机值),如图3-25所示。

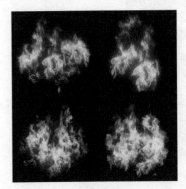

图3-24

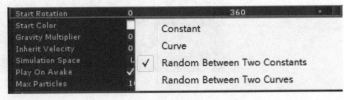

图3-25

步骤05 展开Shape(外形)卷展栏,然后设置Angle(角度)为10、Radius(半径)为0.1,如图3-26所示。

步骤06 在基础属性卷展栏中将Start Size(初始大小)属性的模式切换为Random Between Two Constants(两个常数之间的随机值),如图3-27所示。

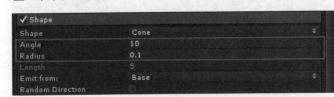

图3-26

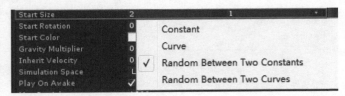

图3-27

步骤07 展开Color over Lifetime(颜色生命周期的变化)卷展栏,然后设置Color(颜色)的色标,如图3-28所示。然后在基础属性卷展栏中设置Start Lifetime(初始生命)为0.5,如图3-29所示。

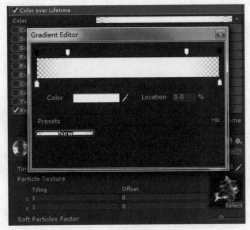

图3-28

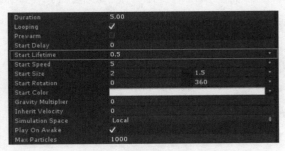

图3-29

图3-30

步骤08 将Start Color（初始颜色）的模式设置为Random Between Two Colors（两个颜色之间的随机值），因为贴图本身是有颜色的，可以保持一个原有的颜色，再添加一个颜色，如图3-30所示。

步骤09 展开Emission（发射）卷展栏，然后设置Rate（速率）为6，如图3-31所示。

图3-31

步骤10 因为现实里的火在燃烧时会受到风的影响，朝一个方向偏移，所以展开Velocity over Lifetime（粒子生命周期速度偏移模块）卷展栏，设置X为-1.5、Y为1.5、Z为0，如图3-32所示。

步骤11 展开Rotation over Lifetime（旋转生命周期的变化）卷展栏，然后设置Angular Velocity（角速度）为20，如图3-33所示。

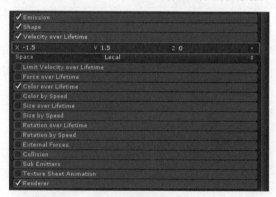

图3-32

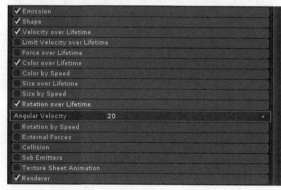

图3-33

3.黑烟

步骤01 按快捷键Ctrl+D复制粒子系统1，然后将其重命名为"2"，接着为粒子系统2添加"QJ_dust02.png"图像文件作为烟雾贴图，如图3-34所示。

图3-34

·步骤02· 在基础属性卷展栏中设置Start Speed（初始速度）为10，使烟雾飞得远一些，如图3-35所示。然后设置Start Size（初始化大小）为（5、3），使烟雾更加弥漫、浓密，如图3-36所示。

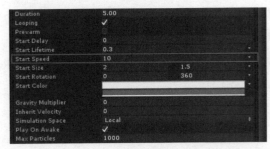
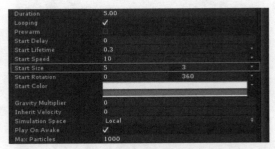

图3-35 　　　　　　　　　　　　　　图3-36

·步骤03· 展开Shape（外形）卷展栏，然后设置Angle（角度）为15、Radius（半径）为0.1，使烟雾的整体范围更大，如图3-37所示。

·步骤04· 展开Velocity over Lifetime（粒子生命周期速度偏移模块）卷展栏设置*X*为—3、*Y*为3、*Z*为0，如图3-38所示。

图3-37 　　　　　　　　　　　　　　图3-38

·步骤05· 展开基本属性卷展栏，然后设置Start Lifetime（初始生命）为3，使烟雾的停留时间更长，如图3-39所示。

·步骤06· 展开Size over Lifetime（大小生命周期的变化）卷展栏，然后设置Size（大小）属性的模式为Curve（曲线），接着调整曲线的形状，如图3-40所示。

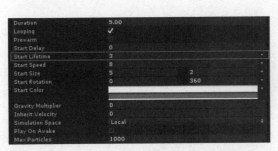
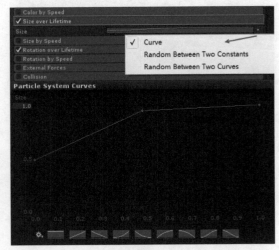

图3-39 　　　　　　　　　　　　　　图3-40

步骤07 展开基本属性卷展栏，然后将Start Color（初始颜色）还原成默认的白色，如图3-41所示。

步骤08 展开Color over Lifetime（颜色生命周期的变化）卷展栏，接着设置Color（颜色）属性的色标，使颜色具有由灰到黑的过渡渐变效果，如图3-42所示。

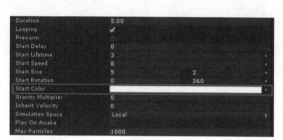

图3-41

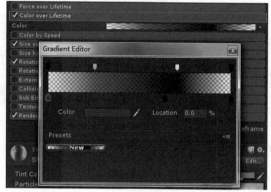

图3-42

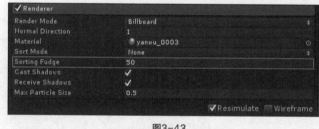

图3-43

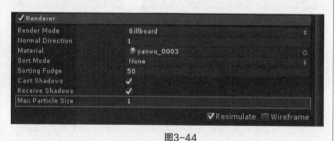

图3-44

4.火芯

步骤01 按快捷键Ctrl+D复制粒子系统1，然后将其重命名为"4"，接着为粒子系统4添加"M_T_LiZi_02.png"图像文件，用来制作火芯，如图3-45所示。

步骤02 展开Shape（外形）卷展栏，然后设置Angle（角度）为20、Radius（半径）为2，使火焰的周围有小粒子，如图3-46所示。

图3-45

图3-46

▪步骤03▪ 展开基本属性卷展栏，然后设置Start Size（初始大小）为（0.2，0.5），如图3-47所示。接着设置Start Lifetime（初始生命）为1，如图3-48所示。最后设置Start Speed（初始速度）为5，如图3-49所示。

▪步骤04▪ 展开Color over Lifetime（颜色生命周期的变化）卷展栏，然后设置Color（颜色）的色标，如图3-50所示。

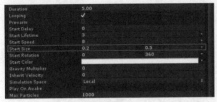
图3-47

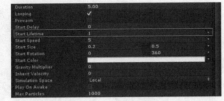
图3-48

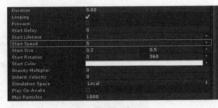
图3-49

▪步骤05▪ 展开Emission（发射）卷展栏，然后设置Rate（速率）为10，如图3-51所示。接着展开Size over Lifetime（大小生命周期的变化）卷展栏，最后设置Size（大小）属性的曲线，如图3-52所示。

图3-50

图3-51

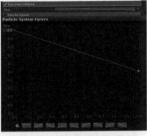
图3-52

▪步骤06▪ 展开Velocity over Lifetime（粒子生命周期速度偏移模块）卷展栏，将X、Y、Z属性的模式切换为Curve（曲线），如图3-53所示。然后调整曲线的形状，如图3-54所示。

至此，写实火焰的效果即制作完成，读者可以不断地微调参数，使粒子更细腻。

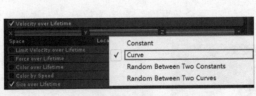
图3-53

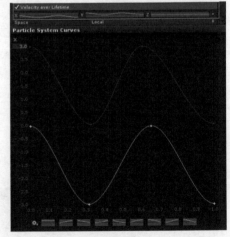
图3-54

提示

因为新粒子与原粒子要修改的参数基本相同，所以可以直接复制原粒子，然后修改参数，这样在丰富粒子效果时，可以更加方便地进行叠加。

本章导读

场景特效主要体现一种氛围，最常见的就是游戏中出现的雨雪天气变化的特效。本章将会介绍如何制作一些简单的场景特效，进而使读者熟悉Unity3D的参数调节。

学习要点：

制作冬日漫雪特效

制作阴雨绵绵特效

熟悉3d Max并学习简易的建模技巧

制作喷泉特效

第 4 章

Unity3D场景特效分析与讲解

4.1 雨雪特效案例讲解

在制作雨雪特效时，要明确这个特效如何在游戏中运用。首先，这个特效不是在整个场景里都有雨或雪的，而是绑定在摄像机上的特效。现在要学习的是如何去做绑定。绑定就是把下雨或下雪的特效拖到摄像机下，在拖动摄像机时就会发现雪花和雨跟着摄像机移动，这样在游戏里面如果摄像机移动到其他地方，跟着人物来回移动时，这个人物所涉及的场景里就都是下雨或下雪的效果。但是如果雨或雪跟着摄像机来回快速移动时，这样的相对运动势必会造成假象，为了避免这样的问题，一般会多做几个粒子来让粒子系统有的发射到世界坐标，有的发射到本地坐标，否则粒子会跟不上摄像机的速度。

4.1.1 冬日漫雪特效

案例位置	Examples>CH04>XueHua.unitypackage
素材位置	Footage>CH04
难易指数	★★★☆☆

在现实生活中，雪一般是由有形的晶体构成的，雪花的形状是不规则的，下雪时的运动规律是在飘动过程中会受到气流的影响而随风飘散，而不是垂直落下的一个状态，如图4-1所示。通过这些常识来制作雪就会更具有真实性，下面就开始来制作场景里下雪的特效。

1.地面的制作

按快捷键Ctrl+Shift+N新建一个Game Object（游戏对象），将其参数全部归零，然后在Hierarchy（资源）视图中建立一个Plane（平面），接着将平面作为游戏对象的子物体，并在Inspector（检测）面板中展开Transform（转换器）卷展栏，设置Scale（比例大小）的X、Y、Z均为10，再在Project（工程目录）视图中创建一个Materials（材质），最后为材质添加"DiMian.jpg"图像文件，如图4-2所示。

图4-1

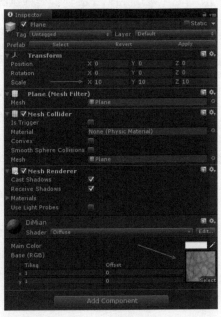

图4-2

2.雪1

步骤01 建立一个Particle System（粒子系统），重命名为"1"，然后将其作为游戏对象的子级，接着展开在Transform（转换器）卷展栏设置Position（位置）的*Y*为25、Rotation（旋转）的*X*为90，如图4-3所示。因为粒子的发射是有方向性的，所以在没有给重力的情况下，将粒子旋转后，粒子也是可以向下发射的。

步骤02 展开Shape（外形）卷展栏，然后设置Shape（外形）为Box（盒子）、Box X为50、Box Y为50、Box Z为1，如图4-4所示。

图4-3

图4-4

步骤03 因为雪花飘落的速度不是完全相同的，所以要运用随机值。展开基本属性卷展栏，然后将Start Speed（初始速度）的模式切换为Random Between Two Constants（两个常数之间的随机值），接着设置Start Speed（初始速度）为（2，4.5），如图4-5所示。

步骤04 将Start Lifetime（初始生命）的模式切换为Random Between Two Constants（两个常数之间的随机值），接着设置Start Lifetime（初始生命）为（8，3），如图4-6所示。

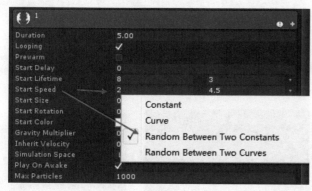

图4-5

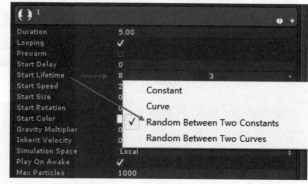

图4-6

步骤05 将Start Size（初始大小）的模式切换为Random Between Two Constants（两个常数之间的随机值），接着设置Start Size（初始大小）为（0.5，1），如图4-7所示。

步骤06 展开Color over Lifetime（颜色生命周期的变化）卷展栏，然后设置Color（颜色）属性的色标，使粒子的颜色随着生命有淡入淡出的效果，可以让它的初始和结尾透明，如图4-8所示。

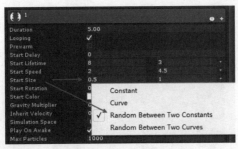

图4-7 图4-8

步骤07 为了使制作的雪花更真实，为粒子添加"XueHua.png"图像文件，此时Scene（场景）视图里就有了雪花，如图4-9所示。

步骤08 现在看到的雪花始终保持一个角度，但现实中的雪花在飘落时是旋转的。在基础属性卷展栏中，将Start Rotation（初始旋转）属性的模式切换为Random Between Two Constants（两个常数之间的随机值），然后设置Start Rotation（初始旋转）为（0，360），如图4-10所示。

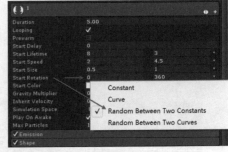

图4-9 图4-10

步骤09 在Scene（场景）视图中，可能会出现粒子跟着鼠标滑轮滑动时而变化。展开Renderer（渲染）卷展栏，然后设置Max Particle Size（渲染粒子的大小）为1，如图4-11所示。

步骤10 在下雪的过程中，雪花从天而落不可能是直下的状态，空气里会有风，所以要给雪花一点偏移的角度。展开Velocity over Lifetime（粒子生命周期速度偏移模块）卷展栏，然后将X、Y、Z的模式切换为Random Between Two Curves（两个曲线之间的随机值），接着调整X、Y的曲线形状，如图4-12所示。

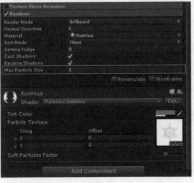

图4-11 图4-12

3.雪2

为了避免快速移动时出现假象，现在来制作雪2。雪2的制作比较简单，可以直接按快捷键Ctrl+D复制粒子系统1，然后将新粒子重命名为"2"，接着在原粒子的基础上修改参数，例如，可以调节初始化的大小、速度、生命值、透明度和偏移角度等。最重要的一点是将新粒子的Simulation Space（模拟空间）的坐标改为World（世界坐标），当人物走动时整个绑定在人物身上的特效也会随之移动，就不会出现场景空白的现象，如图4-13所示。

制作完冬日漫雪的特效后，直接把Hierarchy（资源）视图里的文件拖曳到Project（工程目录）视图里的文件夹下保存。

图4-13

4.1.2 阴雨绵绵特效

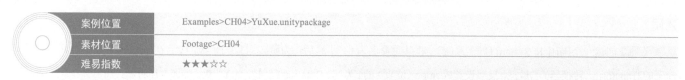

案例位置	Examples>CH04>YuXue.unitypackage
素材位置	Footage>CH04
难易指数	★★★☆☆

在现实生活中，雨是有形的物体，是可以看得见、感受得到的透明物体。它的运动规律和雪大同小异，也是在下落的过程中会受到气流的影响而随风飘散，并不是垂直落下的状态，效果如图4-14所示。

用拉伸的方法制作雨滴快速下落的时候，要让人在视觉上产生一个运动模糊的效果。但下雨有个很重要的特点就是在落到地面时，会溅起一个个的小水花，需要做一个死亡繁衍的效果。例如，粒子的生命值为1，当它的生命值结束时，它就会产生一个其他的粒子。这是下面主要学习的内容，接下来就开始制作场景里下雨的特效。

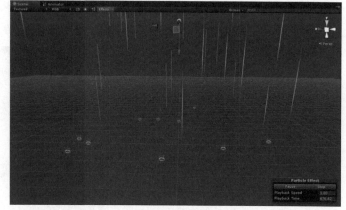

图4-14

1.地面的制作

按快捷键Ctrl+Shift+N新建一个Game Object（游戏对象），将其参数全部归零，然后在Hierarchy（资源）视图中创建一个Plane（平面），接着将平面作为Game Object的子级，再在Inspector（检测）面板中展开平面的Transform（转换器）卷展栏，并设置Scale（比例大小）的X、Y、Z均为10，最后在Project（工程目录）视图里的创建一个Material（材质），为其添加"DiMian.jpg"图像文件，如图4-15所示。

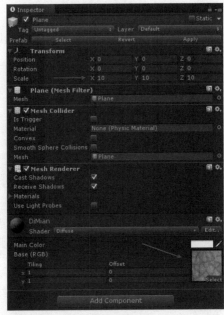

图4-15

2.雨1

▪**步骤01**▪ 创建一个Particle System（粒子系统），将其重命名为"1"，然后作为游戏对象的子级，接着在Inspector（检测）面板中展开粒子的Transform（转换器）卷展栏，最后设置Position（位置）的*Y*为25、Rotation（旋转）的*X*为90，如图4-16所示。

▪**步骤02**▪ 展开Shape（外形）卷展栏，然后设置Shape（外形）为Box（盒子）、Box X为50、Box Y为50、Box Z为1，如图4-17所示。

图4-16

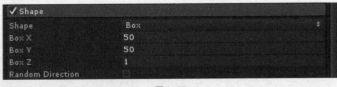

图4-17

▪**步骤03**▪ 展开Renderer（渲染）卷展栏，然后设置Render Mode（渲染模式）为Stretched Billboard（拉伸的渲染），如图4-18所示。接着设置Speed Scale（拉伸的速度）为0.4，如图4-19所示。

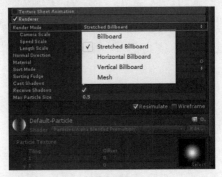

图4-18

图4-19

步骤04 将粒子的Start Size（初始大小）调小一点，因为现实中的雨滴在快速降落时会成为一条细细的线，如图4-20所示。

步骤05 把Start Speed（初始速度）调大，当然速度增大后，粒子也会跟着被拉伸，如图4-21所示。

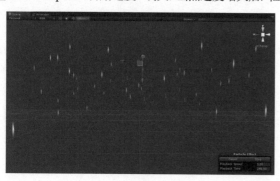

图4-20

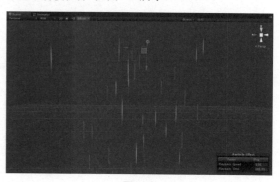

图4-21

步骤06 为了避免雨滴在落到地面后穿插到地下，因此设置Start Lifetime（初始生命）为1.5，如图4-22所示。然后展开Emission（发射）卷展栏，后设置Rate（速率）为30，如图4-23所示。

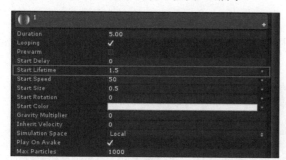

图4-22

图4-23

步骤07 展开Sub Emitters（繁衍）卷展栏，然后单击Death（死亡时的繁衍）属性后面的 按钮，如图4-24所示。此时，在Hierarchy（资源）视图中，会出现一个名为SubEmitter的粒子，如图4-25所示。选择粒子Sub Emitter，为其添加"qiqiu.dds"图像文件，如图4-26所示。

图4-24

图4-25

图4-26

步骤08 为了让雨滴在死亡时产生一个特效，因此选择雨滴粒子，然后展开Emission（发射）卷展栏将Bursts（爆开）里的Particle（粒子）设置为1，如图4-27所示。

步骤09 因为现实中水花溅起只是一瞬间，所以要降低水花的Start Lifetime（初始生命）属性，然后观察整个场景里的特效，溅起的水花是否停留在地面的位置，可以拖动整个特效进行调整，让水花的效果是在地平面上产生的，如图4-28所示。

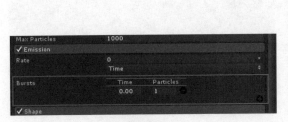

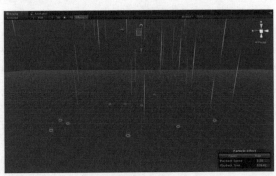

图4-27   图4-28

步骤10 调整完位置后，可以随机调整一下水花的Start Size（初始大小）属性，使水花和整个特效大小相匹配。因为现实中看到水花溅起时是突然出现、突然消失的，所以展开Size over Lifetime（大小生命周期的变化）卷展栏，将Size（大小）的模式切换为Curve（曲线），然后调整曲线的形状，如图4-29所示。

步骤11 当然为了避免整个特效在观察时，出现粒子跟着画面进行缩放，所以展开Renderer（渲染）卷展栏然后设置Max Particle Size（渲染粒子的大小）为1，如图4-30所示。

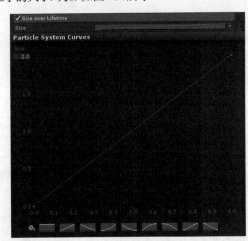

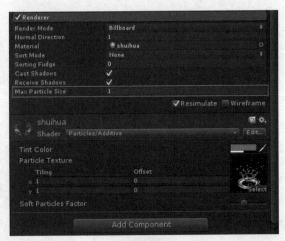

图4-29   图4-30

3.雨2

为了避免快速移动时出现的假象，现在要来制作雨2。按快捷键Ctrl+D复制粒子1，将其重命名为"2"，然后在制作粒子1的基础上修改参数，例如，可以调节初始化的大小、速度、生命值、透明度和偏移角度等。最重要的一点是将新粒子的Simulation Space（模拟空间）设置为World（世界坐标），当人物走动时整个绑定在人物身上的特效也会随之移动，就不会出现场景空白的现象，如图4-31所示。

图4-31

提示

当复制了粒子1时,粒子1绑定的死亡繁衍也被复制了下来,因为制作雨2是为了避免快速移动出现的假象,所以可以把雨2的死亡繁衍删除。

4.2 喷泉特效案例讲解

案例位置	Examples>CH04>PenQuan.unitypackage
素材位置	Footage>CH04
难易指数	★★★☆☆

当拿到场景模型时,要知道使用粒子制作的水是非常消耗资源的,在手游里因为场景模型不能太大,所以对于粒子的数量是要严格控制的,这时可以在3ds Max里面制作一些简单的模型来实现想要的效果,如图4-32所示。

在制作喷泉特效时,可以回想一下日常生活中喷泉的运动规律是从上往下流的,当飞流而下的水溅落在水池中时,会产生水花的效果。下面介绍如何去制作这些效果。

图4-32

4.2.1 模型

步骤01 打开3ds Max,将"penquan.FBX"文件导入到3ds Max中,如图4-33所示。然后单击Cone(圆锥体)按钮新建一个模型,如图4-34所示。

图4-33

图4-34

步骤02 在喷泉的模型上创建一个圆锥体，使圆锥体形成上小下大的效果，如图4-35所示。然后将圆锥体的Sides（边数）设置为12，如图4-36所示。

步骤03 选择圆锥体，然后单击鼠标右键，接着在打开的菜单中选择"Convert To（转化至）> Convert Editable Poly（转换为可编辑多边形）"命令，如图4-37所示。

图4-35　　　　　　　　　　图4-36　　　　　　　　　　图4-37

步骤04 将圆锥体上下两端的面删掉，如图4-38所示。然后按M键打开Material Editor（材质编辑器）对话框，接着单击Diffuse（散开）属性后面的■按钮，如图4-39所示。

步骤05 在打开的Material/Map Browser（材质/贴图浏览器）对话框中选择Checker（棋盘格）选项，然后单击OK（确定）按钮，如图4-40所示。

步骤06 在Material Editor（材质编辑器）对话框中设置Tiling（序列图里的参数）为（20，20），如图4-41所示。

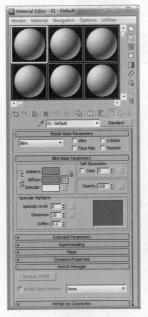

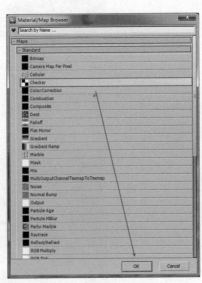

图4-38　　　　　　　　　　图4-39　　　　　　　　　　图4-40　　　　　　　　　　图4-41

步骤07 将制作好的材质赋予圆锥体模型，然后单击Material Editor（材质编辑器）对话框中的 图 按钮显示贴图效果，如图4-42所示。

步骤08 切换到点编辑模式，如图4-43所示。然后选择顶端的点，接着按快捷键R将顶端收缩，如图4-44所示。最后调整圆锥体，使其具有一定弧度，如图4-45所示。

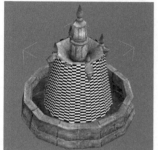
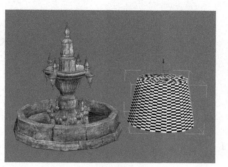

图4-42　　　　　图4-43　　　　　　　图4-44　　　　　　　图4-45

步骤09 选择圆锥体底部的顶点，如图4-46所示。然后设置Alpha为0，如图4-47所示。

步骤10 在修改器列表中选择Unwrap UVW（UVW 展开），如图4-48所示。然后单击Edit（编辑）按钮，如图4-49所示。

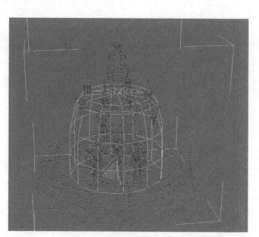

图4-46　　　　　　　　　　图4-47　　　　图4-48　　　　图4-49

步骤11 在打开的Edit UVWs（编辑UVW）对话框中，如果发现UV不正确，可以进行调整。也可以根据所制作的模型实际情况，来进行调整，如下面的水流，可以让它更密一点，如图4-50所示。效果如图4-51所示。

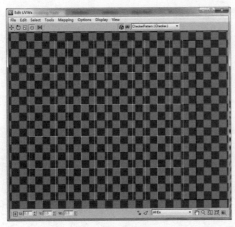

图4-50

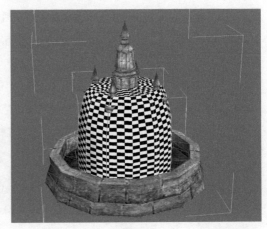

图4-51

步骤12 选择圆锥体模型，然后单击应用程序图标 ，选择"Export（导出）> Export Selected（选导出选定对象）"命令，如图4-52所示。

步骤13 导出时取消选择Animation（动画窗口）、Cameras（摄像机窗口）和Lights（灯光窗口）选项，最后单击OK（确定）按钮，如图4-53所示。

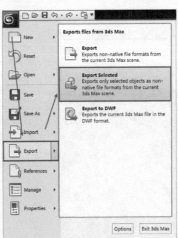

图4-52

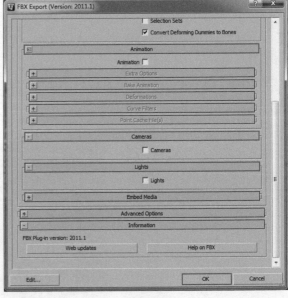

图4-53

提示

上述操作只是导出制作的简易模型，所以在导出时尽量把max中的一些不必要的摄像机、动画效果和灯光效果都取消，以免在Unity3D中出现错误。

4.2.2 UV动画

▪步骤01▪ 打开Unity3D，然后导入处理完的模型，如图4-54所示。接着调整泉水模型的大小和位置，如图4-55所示。最后为泉水模型添加"wenli_00315.dds"贴图文件，如图4-56所示。

图4-54

图4-55

图4-56

▪步骤02▪ 因为要制作水的流动效果，所以要给模型贴图设置一个动画文件。按快捷键Ctrl+6打开Animation（动画）对话框，然后单击Add Curve（添加曲线）按钮，如图4-57所示。

▪步骤03▪ 在打开的Create New Animation（创建新动画）对话框中，选择Animation（动画）文件夹，然后设置文件名为"penquan.anim"，接着单击"保存"按钮，如图4-58所示。

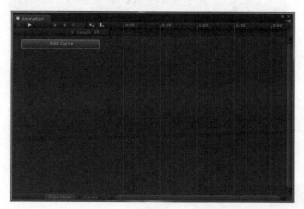

图4-57

图4-58

▪步骤04▪ 在Animation（动画）对话框中单击Add Curve（添加曲线）按钮，在打开的菜单中展开Mesh Renderer（模型渲染）卷展栏，然后选择Material._Main Tex_ST选项，如图4-59所示。

▪步骤05▪ 此时在列表中会出现很多选项，因为水是从上往下流动的，所以设置Material._Main Tex_ST.z为1，如图4-60所示。

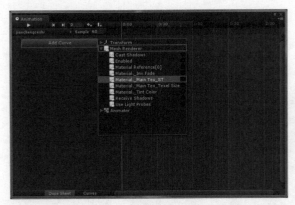
图4-59

图4-60

步骤06 关键帧的距离代表速度的快慢，往右拖就是为了让速度变慢，往左反之。根据制作的喷泉实际的动态效果调整关键帧的位置，如图4-61所示。

步骤07 添加好关键帧以后，单击播放按钮发现动画只播放一次并没有循环播放。在Project（工程目录）视图中，选择"Assets（资源）>Animation（动画）"文件夹，然后选择penquan动画文件，如图4-62所示。接着在Inspector（检测）面板中选择Loop Time（循环时间）选项，如图4-63所示。

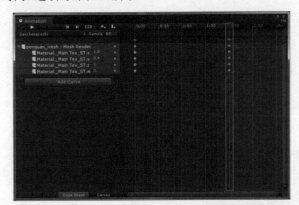
图4-61

图4-62

图4-63

步骤08 新建一个Plane（平面）的模型，如图4-64所示。然后为其添加"glow_00033.dds"图像文件，如图4-65所示。

图4-64

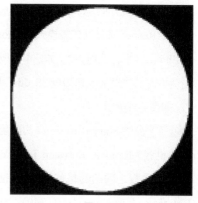

图4-65

步骤09 调整平面的大小和位置，使平面与喷泉模型底部大小相同，将其作为喷泉池里的水，如图4-66所示。然后在Inspector（检测）面板中调整Tint Color（着色）的颜色，如图4-67所示。效果如图4-68所示。

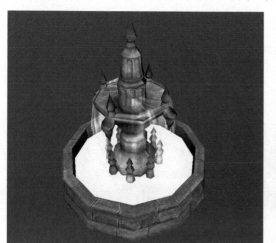

图4-66

图4-67

图4-68

4.2.3 流水动画

步骤01 为了使喷泉显得更自然、更写实一些，下面来制作水池中流动的水。新建一个粒子系统，然后把它的Position（位置）全部归零，如图4-69所示。接着设置Start Speed（初始速度）为0，如图4-70所示。

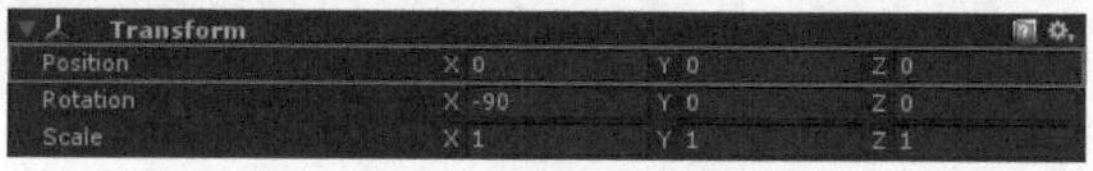

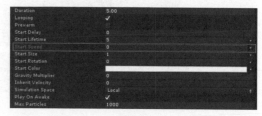

图4-69

图4-70

步骤02 展开Renderer（渲染）卷展栏，然后设置Render Mode（渲染模式）为Horizontal Billboard（平行的渲染），如图4-71所示。接着为粒子添加"wenli_00082.dds"图像文件，如图4-72所示。

步骤03 将Start Rotation（初始旋转）的模式设置为Random Between Two Constants（两个常数之间的随机值），然后设置tart Rotation（初始旋转）为（0，360），如图4-73所示。

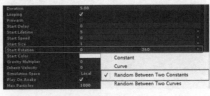

图4-71

图4-73

图4-72

步骤04 展开Size over Lifetime（大小生命周期的变化）卷展栏，然后设置Size（大小）属性的曲线，如图4-74所示。接着在基础属性卷展栏中设置Start Size（初始大小）为60，如图4-75所示。

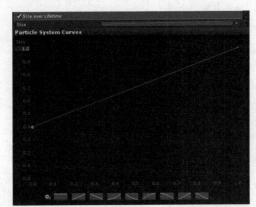

图4-74

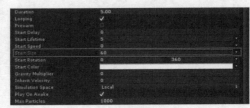

图4-75

步骤05 因为喷泉里的水是快速喷出的，因此设置Start Lifetime（初始生命）为0.5，如图4-76所示。然后展开Emission（发射）卷展栏，设置Rate（速率）为5，如图4-77所示。

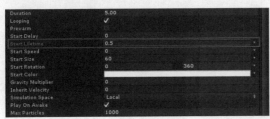

图4-76

图4-77

步骤06 展开Color over Lifetime（颜色生命周期的变化）卷展栏，然后设置Color（颜色）属性的色标，如图4-78所示。

步骤07 在基础属性卷展栏中调节Start Color（初始颜色），使粒子的颜色与喷泉整体颜色协调，如图4-79所示。然后把粒子放在喷泉台上的流水处，如图4-80所示。

图4-78

图4-79

图4-80

步骤08 下面是流水，所以把它的大小调节到和底部大小相匹配。复制一个粒子系统，然后设置其Start Size（初始化大小）为140，如图4-81所示。之所以将Start Size（初始化大小）调大，是因为底部整个模型都调大了，可以根据自己的模型大小来调节粒子的大小。

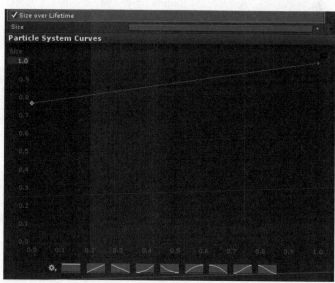

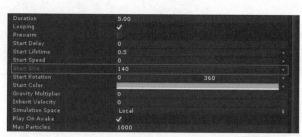

图4-81

图4-82

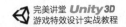

▪步骤09▪ 展开Size over Lifetime（大小生命周期的变化）卷展栏，然后调整Size（大小）属性的曲线，如图4-82所示。接着在基础属性卷展栏中设置Start Lifetime（初始生命）为1，使新粒子比原粒子的生命更长一些，如图4-83所示。效果如图4-84所示。

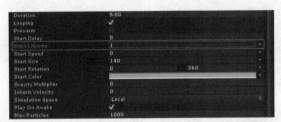

图4-83

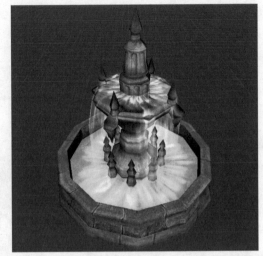

图4-84

4.2.4 水花动画

▪步骤01▪ 新建一个粒子系统，将其Position（位置）属性全部归零，然后将其拖曳至喷泉池的中间，如图4-85所示。

▪步骤02▪ 在基础属性卷展栏中设置Start Speed（初始速度）为0，如图4-86所示。然后展开Shape（外形）卷展栏设置Shape（外形）为Cone（圆锥形）、Angle为25、Radius（半径）为25，如图4-87所示。效果如图4-88所示。

图4-85

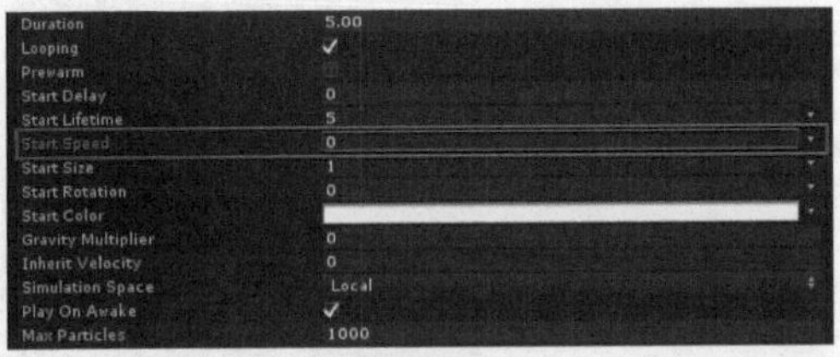

图4-86

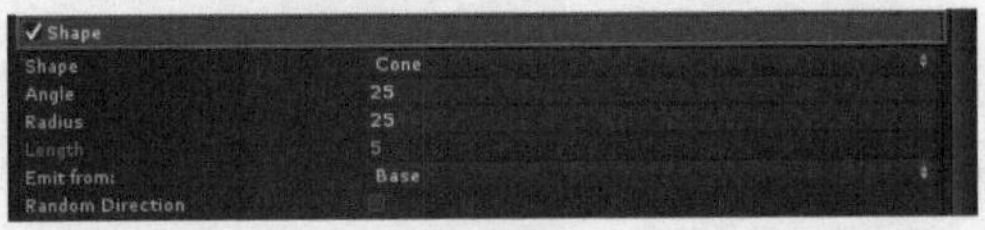

图4-87

图4-88

步骤03 为粒子添加 "fangsheguang_00083.dds" 图像文件, 如图4-89所示。然后展开Size over Lifetime (大小生命周期的变化) 卷展栏, 设置Size (大小) 属性的曲线, 如图4-90所示。

步骤04 在基础属性卷展栏中设置Start Lifetime (初始生命) 为0.3, 使粒子的生命时间尽量调短一些, 因为现实中的水花溅起来后都会很快消失, 如图4-91所示。

图4-89

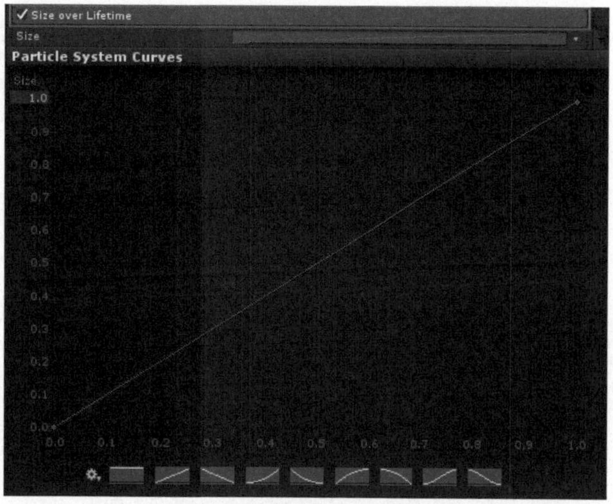

图4-90

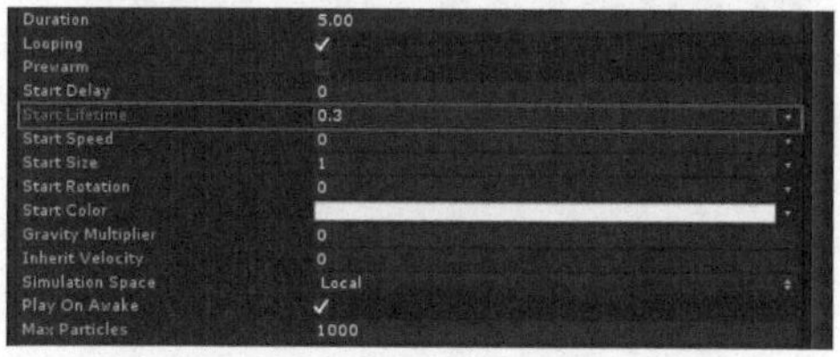

图4-91

步骤05 设置Start Size (初始大小) 为10, 如图4-92所示。然后在Color over Lifetime (颜色生命周期的变化) 卷展栏中为Color (颜色) 属性设置色标, 如图4-93所示。

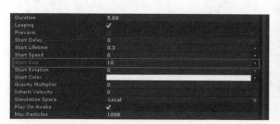

图4-92

图4-93

·步骤06· 展开Emission（发射）卷展栏，然后设置Rate（速率）为200，如图4-94所示。接着在基础属性卷展栏中将Start Color（初始颜色）的模式切换为Random Between Two Colors（两个颜色的随机），最后设置颜色，如图4-95所示。效果如图4-96所示。

图4-94   图4-95

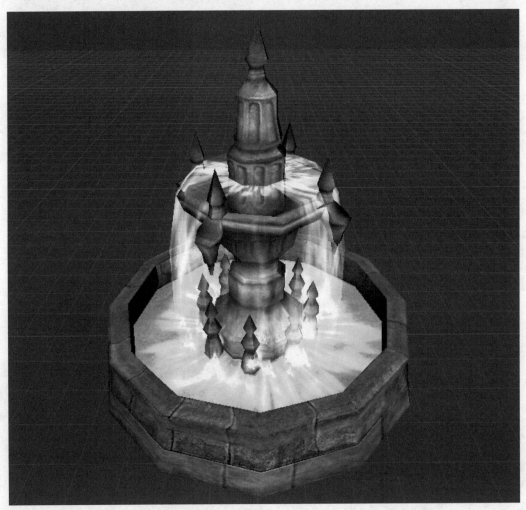

图4-96

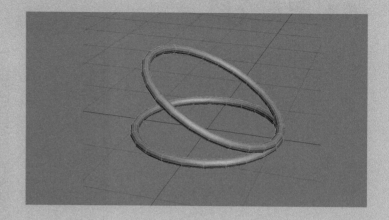

本章导读

　　3ds Max是由Autodesk公司推出的一款三维动画制作软件,广泛运用于游戏3D美术制作、影视特效、建筑设计和工业设计等领域。在Unity3D特效制作中,经常用到3ds Max中的模型及动画功能,熟练掌握3ds Max的这两大功能,可以大大提升Unity3D的视觉效果。

　　学习要点:

　　界面介绍

　　3ds Max基础操作

　　3ds Max模型建立

　　制作双环交叠模型

　　3ds Max导入Unity3D的方式及注意事项

第 **5** 章

3ds Max的基础操作

5.1 界面介绍

启动3ds Max 2011，下面先来了解3ds Max的界面，如图5-1所示。

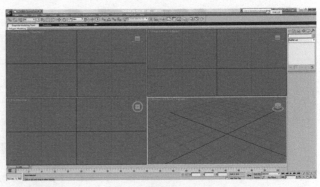

图5-1

5.1.1 标题栏

3ds Max 2011窗口的标题栏可用于管理文件和查找信息，如图5-2所示。

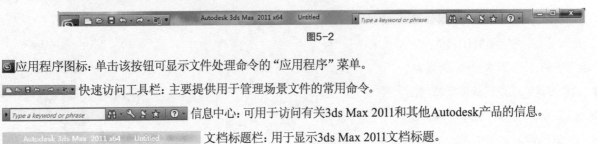

图5-2

应用程序图标：单击该按钮可显示文件处理命令的"应用程序"菜单。

快速访问工具栏：主要提供用于管理场景文件的常用命令。

信息中心：可用于访问有关3ds Max 2011和其他Autodesk产品的信息。

文档标题栏：用于显示3ds Max 2011文档标题。

5.1.2 菜单栏

3ds Max 2011菜单栏位于界面的最上方，菜单中的命令如果带有省略号，表示会打开相应的对话框，带有小箭头的表示还有下一级的菜单。 菜单栏中的大多数命令都可以在相应的命令面板、工具栏或快捷菜单中找到，远比在菜单栏中执行命令方便得多，如图5-3所示。

图5-3

5.1.3 工具栏

在3ds Max 2011菜单栏的下方有一行工具按钮称为主工具栏，通过主工具栏可以快速访问3ds Max 2011中很多常见任务的工具和对话框，如图5-4所示。将光标移动到按钮之间的空白处，光标会呈双向箭头状，这时可以拖曳鼠标指针来左右滑动主工具栏，以看到隐藏的工具按钮。

在主工具栏中，有些按钮的右下角有一个小三角形标记，这表示此按钮下还隐藏有多重按钮可供选择。当不知道命令按钮名称时，可以将鼠标箭头放置在按钮上停留几秒钟，就会出现这个按钮的提示。

提示

单击菜单栏中的"Customize（自定义）>Show UI（显示UI）>Show Main Toolbar（显示主工具栏）"命令，即可显示或关闭主工具栏，也可以按快捷键Alt+6进行切换，如图5-4所示。

图5-4

5.1.4 视图区

进入3ds Max新场景界面，能看到视图区分为了4个小区域，如图5-5所示。

顶视图：显示物体顶面的形态，如图5-6所示。

侧视图：显示物体侧面的形态，如图5-7所示。

正视图：显示物体正面的形态，如图5-8所示。

透视图：立体全方位视图，如图5-9所示。

图5-5

图5-6

图5-7

图5-8

图5-9

5.1.5 命令面板

位于界面最右侧的是命令面板。命令面板集成了3ds Max 2011中大多数的功能与参数控制项目，是3ds Max 2011的核心工作区，也是结构最为复杂、使用最为频繁的部分。创建任何物体或场景主要通过命令面板进行操作。在3ds Max 2011中一切操作都是由命令面板中的某一个命令进行控制的，命令面板中包括6个选项卡，如图5-10所示。

图5-10

5.1.6 视图控制区

3ds Max 2011视图控制区位于工作界面的右下角，如图5-11所示。主要用于调整视图中物体的显示状态，通过缩放、平移和旋转等操作，可以方便观察场景。

5.1.7 动画控制区

动画控制区位于屏幕的下方，如图5-12所示。该区域中的工具主要用来控制动画的设置和播放。

图5-11   图5-12

5.1.8 信息提示区与状态栏

信息提示区与状态栏用来显示3ds Max 2011视图中物体的操作效果，如移动、旋转坐标以及缩放比例等，如图5-13所示。

图5-13

5.1.9 时间滑块与轨迹栏

时间滑块与轨迹栏用于设置动画、浏览动画以及设置动画帧数等，如图5-14所示。

图5-14

5.2 3ds Max基础操作

5.2.1 视图及控制

打开3ds Max后的初始视图，并不一定适合用户使用。四视图同时显示便于对象的精确调整，但是不便于编辑操作，因此可将其调整为自己适应的视图样式。将光标移至视图面板上，然后单击鼠标右键，接着在打开的Viewpor Configuration（视图配置）对话框中选择Layout（布局）选项卡，如图5-15所示。

有14种排列样式可供选择，选择自己习惯的样式后单击OK（确定）按钮，即可显示为偏好的视图排列样式，如图5-16所示。

当然也可最大化其中一个视图以进行编辑，单击任意视图，然后单击视图面板中的最大化切换按钮，再次按此按钮可还原为排列样式，如图5-17所示。

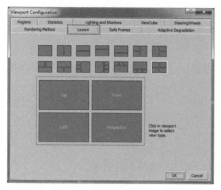
图5-15

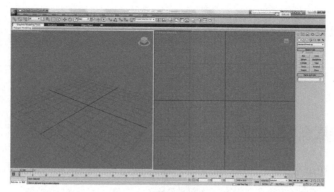
图5-16

图5-17

在任意视图中可按P键（透视图）、T键（顶视图）、F键（前视图）、L键（侧视图）和B键（底视图）来切换视图。

在视图中，观察对象常用的有以下几种命令。

第1种：平移视图，按住鼠标滑轮不放拖动。

第2种：视图缩放，滚动鼠标滑轮。

第3种：视图精细缩放，按住Ctrl + Alt + 鼠标滑轮。

第4种：垂直上下移动，按住Shift+鼠标滑轮。

第5种：围绕对象旋转视图，按住Alt+鼠标滑轮。

5.2.2 常用对象编辑操作

选择并移动 ，可以移动选择的对象，快捷键为W，如图5-18所示。

选择并旋转 ，可以旋转选择的对象，快捷键为E，如图5-19所示。

选择并均匀缩放 ，可以缩放选择的对象，快捷键为R，如图5-20所示。

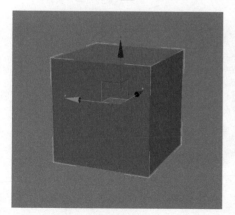
图5-18

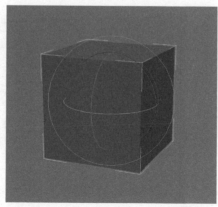
图5-19

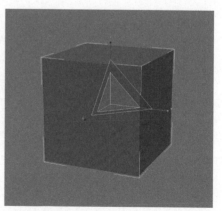
图5-20

5.3 3ds Max模型建立

在Unity3D中，通常需要一些简易的模型，来增加特效的立体感和设计感等，下面来学习如何在3ds Max中建立Unity3D特效所需要的简易模型。

5.3.1 3ds Max基础体建立

打开3ds Max，然后在命令面板中切换到Create（创建）选项卡，再选择Geometry（几何体）模块，如图5-21所示。

此时命令面板中提供了10种多边形基本体，分别是Box（立方体）、Cone（圆锥体）、Sphere（球体）、GeoSphere（三角面球体）、Cylinder（圆柱体）、Tube（管状体）、Torus（圆环体）、Pyramid（角锥状体）、Teapot（茶壶）和Plane（平面）。

建立Box（立方体），如图5-22所示。

建立Cone（圆锥体），如图5-23所示。

建立Sphere（球体），如图5-24所示。

图5-21

图5-22

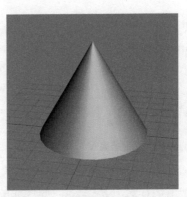

图5-23

图5-24

建立GeoSphere（三角面球体），如图5-25所示。

建立Cylinder（圆柱体），如图5-26所示。

建立Tube（管状体），如图5-27所示。

图5-25

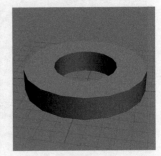

图5-26   图5-27

建立Torus（圆环体），如图5-28所示。

建立Pyramid（角锥状体），如图5-29所示。

建立Teapot（茶壶），如图5-30所示。

建立Plane（平面），如图5-31所示。

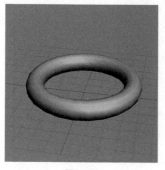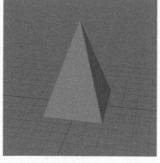

| 图5-28 | 图5-29 | 图5-30 | 图5-31 |

这些多边形基本体均可在Modify（修改）模块中修改长、宽、高以及段数等，如图5-32所示。

5.3.2　双环交叠模型建立

了解了基础模型体后，下面建立一个组合体，以了解3ds Max建模的基础操作以及参数的修改。接下来以双环叠加物体为例来介绍双环交叠模型的建立。

切换到Create（创建）选项卡，选择Geometry（几何体）模块，然后单击Torus（圆环体）按钮，如图5-33所示。

图5-33

在视图区域中按住鼠标左键并拖曳，移动鼠标指针确定圆环范围的大小，确定后松开鼠标左键，如图5-34所示。

移动鼠标指针确定环状粗细，然后单击左键最终确认，如图5-35所示。

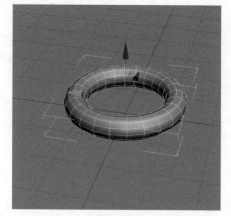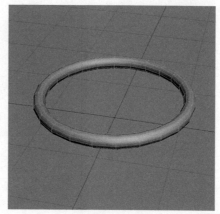

图5-32

| 图5-34 | 图5-35 |

切换到Modify（修改）选项卡，如图5-36所示。在命令面板中，对于不同的基础物体，都有相对应的属性设置，以细化创建的物体结构及形状。

Torus（圆环体）具有以下6个属性。

第1个属性：Radius 1（半径1），用于范围控制。

第2个属性：Radius 2（半径2），用于粗细控制。

第3个属性：Rotation（旋转），用于结构旋转。

第4个属性：Twist（扭曲），用于结构扭曲。

第5个属性：Segments（分段），用于节数控制。

第6个属性：Sides（边数），用于边数控制。

通过设置上述的属性，可以将圆环调节成图5-37所示的形状。

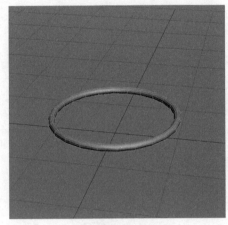

图5-37

图5-36

选择圆环体，在状态栏中右键单击数值旁的小三角，可以将圆环体的位移数值归零，如图5-38所示。

图5-38

复制出一个圆环体，然后选择圆环体，按住Shift键拖曳物体，此时会打开Clone Options（克隆选项）对话框，保持默认的Copy（拷贝）选项即可，然后单击OK（确定）按钮，如图5-39所示。

通过各视图中的调节，将两个圆环体对准到图5-40所示的位置，最终完成建立。

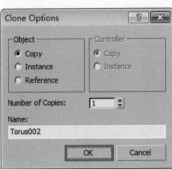

图5-39

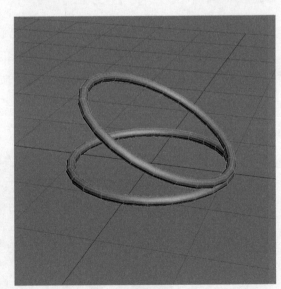

图5-40

5.4 3ds Max导入Unity3D的方式及注意事项

5.4.1 导出模型为FBX

选择要导出的对象，然后单击应用程序图标🄢，接着在打开的菜单中选择"Export（导出）> Export Selected（导出选定对象）"命令，如图5-41所示。

在打开的Select File to Export（选择要导出的文件）对话框中，设置保存的目录为在Unity3D工程目录的Assets文件夹下建立的

一个名为"FBX"文件夹，然后设置文件名和导出的文件类型（FBX格式），接着单击"保存"按钮，如图5-42所示。

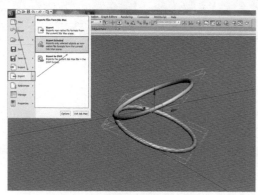

图5-41

图5-42

此时会打开FBX Export对话框，如图5-44所示。然后在Geometry（集合体）卷展栏中选择Smoothing Groups（平滑组）、TurboSmooth（涡轮平滑）和Convert Deforming Dummies to Bones（将变形虚拟转化为骨骼）选项，接着选择Embed Media（嵌入的媒体）选项，再取消选择Animation(动画)、Cameras（摄像机）和Lights（灯光）选项，最后单击OK（确定）按钮，如图5-43所示。

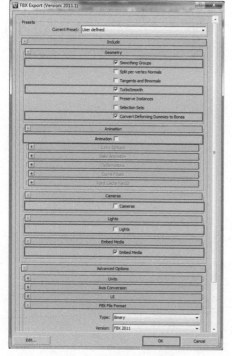

图5-43

打开Unity3D，此时可在Project（工程目录）视图中找到到由3ds Max导出的FBX文件，如图5-44所示。

直接将FBX文件拖曳到场景中，即可看到效果，如图5-45所示。之后即可用作粒子发射，以增添效果。

图5-44

图5-45

5.4.2 3ds Max导出FBX界面介绍

进入FBX导出界面后，会分多个选项组。Geometry（几何体）选项组包括7个选项，如图5-46所示。

Animation（动画）选项组包括Extra Options（附加选项）、Bake Animation（烘培动画）、Deformations （变形）、Curve Filters（曲线过滤器）和Point Cache File（s）（点缓存文件）等子选项，如图5-47所示。

Cameras（摄像机）选项组包括Lights （灯光）和Embed Media（嵌入的媒体）等子选项，如图5-48所示。

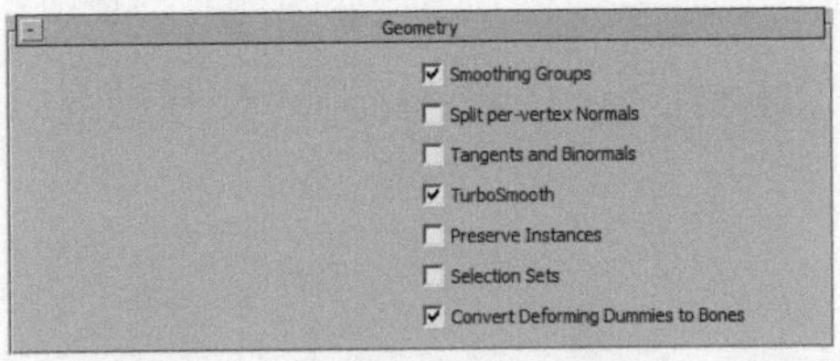

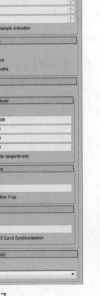

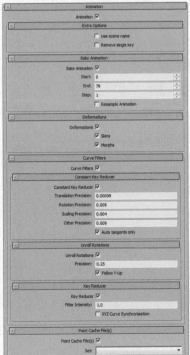

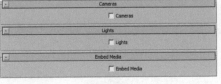

图5-46

图5-47

图5-48

Advanced Options（高级选项）选项组包括Units（单位）、Axis Conversion（轴转化）、UI和FBX File Format（FBX文件格式）等子选项组，如图5-49所示。

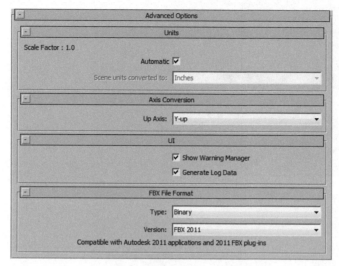

图5-49

5.4.3 导出注意事项

3ds Max的动画和模型，主要通过以FBX文件为中转文件，实现两者之间的合作互通。从3ds Max导出FBX到Unity3D，以下几点需要特别注意。

第1点：单位设置。很多人在建模和制作动画时，默认将系统单位设置为Inches（英寸），建议修改成Metres（米）或者Centimetres（厘米），否则导出的模型和动画可能比例不一致。

第2点：导出对象。在导出模型和动画时，通常选择Export Selected（导出选定对象）模式，即只导出所选中的对象。

第3点：动画中必须有模型。在使用Export Selected（导出选定对象）命令导出动画时，要选择与之相关的全部骨骼，包括Bip骨骼、Bone骨骼以及Nub虚拟体，然后选中任何1个模型，将它们一起导出，因为FBX格式不允许没有模型的动画单独存在。

第4点：可能丢失蒙皮信息的原因。在使用Export Selected（导出选定对象）命令导出模型时，要选择导出的模型和所有的骨骼，才会有蒙皮信息。如果要查看导出的FBX文件有没有蒙皮信息，那么可以把FBX文件拖到Unity里，观察Mesh上有没有一个名为"Skined mesh material"（蒙皮模型素材）的参数。如果没有，则是没有选中骨骼，因此没有蒙皮信息。另外，在导出具有蒙皮信息的模型为FBX文件时，一定要给每一个模型或者Sub Mesh（子网格）指定材质，每个材质具有正确的命名，并且材质的Diffuse map属性不能为空，否则也不会正确导出具有蒙皮信息的文件。

第5点：ResetXForm。在使用Skin（皮肤蒙皮）或者Physique（体格封套蒙皮）之前，一定要严格地进行ResetXForm，否则导出的模型会有严重的偏移。

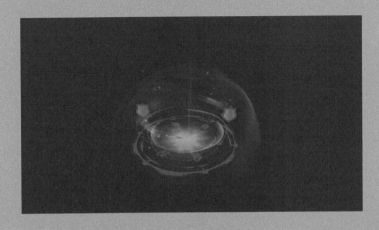

第 **6** 章

Unity3D与3ds Max
的基本配合

本章导读

　本章主要讲解Unity3D与3ds Max的配合使用，在3ds Max里制作简单的模型，然后在Unity3D里实现特效。本章主要制作buff和debuff特效，适用于升级或者绑定在人物模型上的使用。

　学习要点：

　Unity3D与3ds Max的基本配合

　了解与制作buff类特效（护盾）

　了解与制作debuff类特效（毒球循环）

6.1 buff类特效案例讲解——防护盾牌特效

案例位置	Examples>CH06>Buff.unitypackage
素材位置	Footage>CH06
难易指数	★★★☆☆

buff特效在游戏中是指增益效果,它们会带来很多好处,增加各项属性。例如,《英雄联盟》里的buff可以通过英雄技能、野怪击杀和装备提供等方式获得。防护盾buff是一个比较常见的特效类型,通常都是以增益buff的效果出现,效果如图6-1所示。防护盾buff的做法多种多样,但就其效果而言,其实主要就是表现一个爆点,以突然、短暂的一道爆点冲击,从而达到让玩家有角色变强的感觉。下面以防护盾buff为例,来讲解如何做增益类型的buff,通过学习本节内容,再加上自己的创意,以设计更多、更巧妙的增益类型buff。

图6-1

> **提示**
>
> 防护盾buff的动画过程通常是"聚→爆→持"的过程,也就是先聚气,然后爆点,最后是盾形态的效果持续循环。

1.聚气效果

聚气是将周围能量聚拢到角色身体的表现,节奏一般比较快,知道所要表现的形态和速度节奏后,就比较好做了。

▪**步骤01**▪ 按快捷键Ctrl+Shift+N新建一个空集,以归放将要制作的地面上的粒子,然后将空集的坐标归零,接着新建一个粒子,将其命名为"xiguang",并设置Rotation(旋转)的X为-90,如图6-2所示。最后为粒子添加"pquick_slash.dds"图像文件,如图6-3所示。

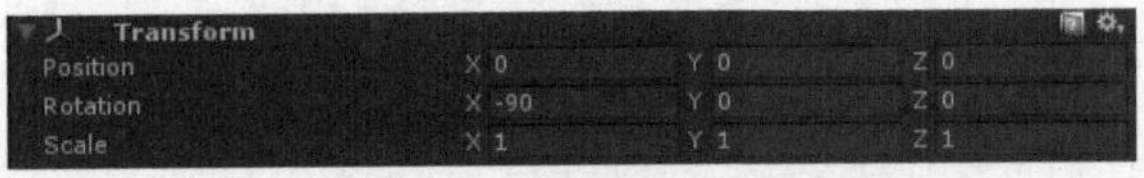

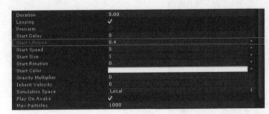

图6-2

图6-3

步骤02 因为设想的效果速度节奏比较快，所以在基本属性卷展栏中设置Start Lifetime（初始生命）为0.4，如图6-4所示。然后将速度调整为反方向，因此设置Start Speed（初始速度）为−15，如图6-5所示。

步骤03 因为是增益buff（盾），所以颜色一般都选择得较为光明、柔和。调整Start Color（初始颜色）属性，如图6-6所示。

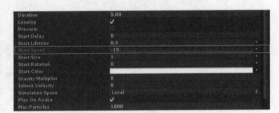

图6-4

图6-5

图6-6

步骤04 展开Emission（发射）卷展栏，设置Rate（速率）为0、Bursts（爆开）的Particles（粒子）为25，使粒子一次性发射一定的数量，数量的多少取决于需要聚光的疏密效果，如图6-7所示。

步骤05 展开Shape（外形）卷展栏，然后设置Shape（外形）为Sphere（球形）、Radius（半径）为4.1，如图6-8所示。

图6-7

图6-8

步骤06 展开Color over Lifetime（颜色生命周期的变化）卷展栏，然后设置Color（颜色）属性的色标，使粒子的出生和消失过渡自然，如图6-9所示。

步骤07 展开Size over Lifetime（大小生命周期的变化）卷展栏，然后设置Size（大小）属性的曲线，使粒子具有从大变小的聚拢效果，如图6-10所示。

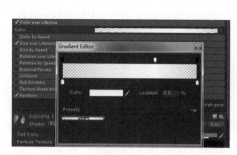

图6-9

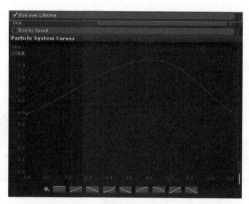

图6-10

▪步骤08▪ 展开Renderer（渲染）卷展栏，设置Render Mode（渲染模式）为Stretched Billboard（拉伸的渲染）、Length Scale（拉伸长度）为6.26，使粒子的拉伸产生聚光的效果，如图6-11所示。效果如图6-12所示。

图6-11

图6-12

2.爆点效果地上部分

爆开的光效分为附着在地面的和地面以上的两个部分，本小节先制作地面以上爆开效果，地面以上的爆开效果由多层粒子组合表现。

▪步骤01▪ 新建一个粒子，将其命名为"baoguang1"，并把Position（位置）归零，如图6-13所示。接着为粒子添加"TX_baozha002_xjl.png"图像文件，如图6-14所示。

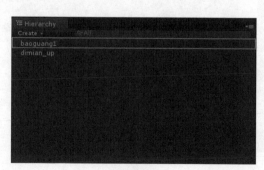

图6-13

图6-14

▪步骤02▪ 关闭Shape（外形）卷展栏属性组，如图6-15所示。因为不需要散发，只在原地做大小变化，因此在基础属性卷展栏中设置Start Speed（初始速度）为0，如图6-16所示。

▪步骤03▪ 展开Emission（发射）卷展栏，设置Rate（速率）为0、Bursts（爆开）的Particles（粒子）为3，使粒子具有厚度感，如图6-17所示。

图6-15   图6-16   图6-17

▪步骤04▪ 在基础属性卷展栏中设置Start Lifetime（初始生命）为0.5，如图6-18所示。然后将Start Rotation（初始旋转）的模式切换到Random Between Two Constants（两个常数之间的随机值），接着设置Start Rotation（初始旋转）为（0，360），如图6-19所示。

▪步骤05▪ 展开Color over Lifetime（颜色生命周期的变化）卷展栏，设置Color（颜色）属性的色标，使粒子从出生到消失过渡自然，如图6-20所示。

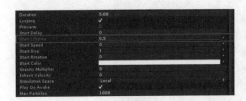

图6-18   图6-19   图6-20

▪步骤06▪ 展开Size over Lifetime（大小生命周期的变化）卷展栏，然后设置Size（大小）属性的曲线，使粒子由小变大，节奏由快变慢，以表现爆开的效果，如图6-21所示。效果如图6-22所示。

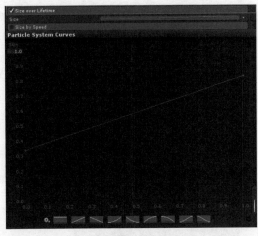

图6-21   图6-22

▪步骤07▪ 下面制作第2层爆开效果。因为第2层爆开的效果与第1层类似，所以可以套用baoguang1的大部分参数设置。复制粒子baoguang1然后将其重命名为"baoguang2"，如图6-23所示。接着为其添加"M_T_LiZi_42.png"图像文件，如图6-24所示。

▪步骤08▪ 在基础属性卷展栏中设置Start size（初始大小）为7，使粒子稍大于baoguang1，如图6-25所示。然后在Emission（发射）卷展栏中设置Bursts（爆开）的Particles（粒子）为1，如图6-26所示。效果如图6-27所示。

图6-23　　　　　　　　　图6-24

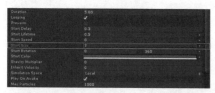

图6-25

图6-26

图6-27

▪步骤09▪ 下面制作第3层效果。第3层不同于前两层，需要制作一个环状的光晕效果。复制baoguang1，然后将其重命名为"baoguang3"，如图6-28所示。接着为其添加"-BPShockWave.png"图像文件，如图6-29所示。

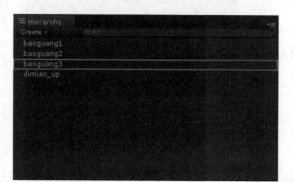

图6-28

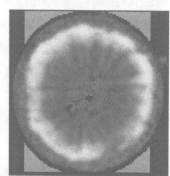

图6-29

▪步骤10▪ 在基础属性卷展栏中将Start Size（初始大小）的模式切换为Random Between Two Constants（两个常数之间的随机值），然后设置Start Size（初始大小）为（6，10），如图6-30所示。接着设置Start Rotation（初始旋转）为0，如图6-31所示。

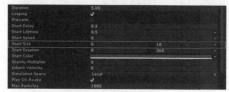

图6-30

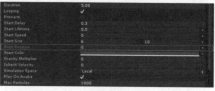

图6-31

步骤11 调整Start Color（初始颜色）使粒子的颜色更暗，以丰富颜色，如图6-32所示。然后设置Color over Lifetime（颜色生命周期的变化）卷展栏中Color（颜色）属性的色标，使粒子整体透明度降低一些，避免颜色过于突兀，如图6-33所示。

步骤12 在Renderer（渲染）卷展栏中设置Render Mode（渲染模式）为Horizontal Billboard（平行的渲染），使粒子保持角度，以增加立体感，如图6-34所示。效果如图6-35所示。

图6-32

图6-33

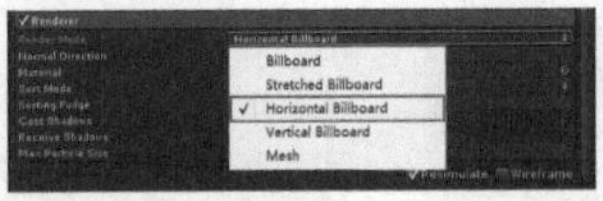

图6-34

图6-35

步骤13 下面制作第4层效果。第4层和第3层比较类似，都是扩散的光环，所以依然复制第1层爆开粒子，然后重命名为"baoguang4"，如图6-36所示。接着为粒子添加"dg_xjl008.dds"图像文件，如图6-37所示。

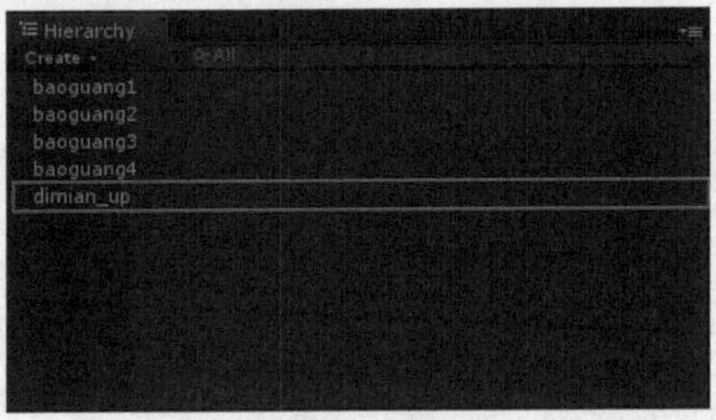

图6-36

图6-37

步骤14 在基础属性卷展栏中设置Start Color（初始颜色），使粒子的颜色稍淡一些，如图6-38所示。然后设置Start Size（初始大小）为12，使粒子包裹住前几层的效果，如图6-39所示。

图6-38

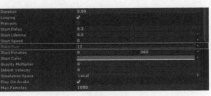

图6-39

步骤15 在Emission（发射）卷展栏中设置Bursts（爆开）的Particles（粒子）为2，如图6-40所示。然后在Rotation

图6-40

图6-41

over Lifetime（旋转生命周期的变化）卷展栏中设置Angular Velocity（角速度）为360，如图6-41所示。

步骤16 在Renderer（渲染）卷展栏中设置Render Mode（渲染模式）为Horizontal Billboard（平行的渲染），如图6-42所示。因为此粒子比较大，所以将Max Particle Size（渲染粒子的大小）设置为1，如图6-43所示。效果如图6-44所示。

图6-42

图6-43

图6-44

步骤17 下面制作最后一层的效果。复制第4层，然后将其重命名为"baoguang5"，如图6-45所示。接着为粒子添加"blast_nova_08.dds"图像文件，如图6-46所示。

步骤18 其他设置可直接沿用上一层的设置，不用做过多修改。最重要的一步就是调整各个粒子的延迟参数，当然，这也可以在每编辑一个粒子的时候就调整，这里为了让大家思路清晰，所以就放在一起讲解了。除了聚光的特效不做延迟外，其他的都要给一定延迟，大致时间是吸收光特效结束的瞬间。当然也可以做一些区分，使一些效果稍慢出现、一些效果稍快出现，耐心微调即可。这样地面以上的爆开效果就基本完成了，效果如图6-47所示。

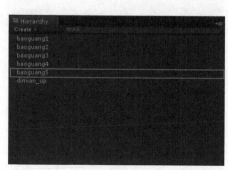

图6-45

图6-46

图6-47

提示

制作特效最重要的一点是整个特效节奏的把握，快与慢，急与缓，所以适当地调节每个粒子发射出来的延迟时间是非常重要的。控制好整个特效的节奏后，原本平淡无奇的特效，从出现到消失也会有不一样的变化。当然，也不是一定要设置延迟时间，具体根据每个动作和每个场景来进行把控即可。

3.爆点效果地面部分1

地面特效也分多层效果组合来实现，表现手法和地面以上的手法类似，都是以Size over Lifetime（大小生命周期的变化）变化来表现。

步骤01 为了便于管理，按快捷键Ctrl+Shift+N新建一个空集，将其命名为"baodian_up"，如图6-48所示。然后将其坐标归零，用来存放地面以上的爆点特效。

步骤02 按快捷键Ctrl+Shift+N建立一个空集，位移坐标归零，将其命名为"dimian_down"，用来存放地面以下爆开的效果粒子，如图6-49所示。

步骤03 在空集dimian_down下，新建粒子系统，命名为"dimianxiaoguo1"，如图6-50所示。然后为粒子添加"M_T_LiZi_42.png"图像文件，如图6-51所示。

图6-48　　　　　　　　图6-49　　　　　　　　图6-50

图6-51

步骤04 在基础属性卷展栏中设置Start Lifetime（初始生命）为0.8，如图6-52所示。然后将Duration（持续时间）设置为0.8，如图6-53所示。这两个值设置一样后，才会让粒子完整地播放一次，并且不会重复。

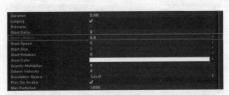
图6-52

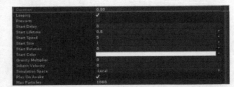
图6-53

步骤05 取消选择Looping（循环）选项，播放一次即可，如图6-54所示。然后设置Start Speed（初始速度）为0，和地面以上爆开效果的原理相同，在这里只用大小制作变化效果，如图6-55所示。

图6-54

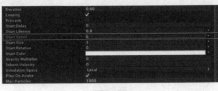
图6-55

步骤06 设置Start Size（初始大小）为5，以适合整体粒子效果，如图6-56所示。然后设置Start Color（初始颜色），使颜色统一，如图6-57所示。

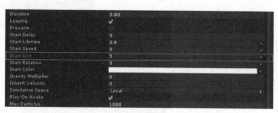

图6-56　　　　　　　图6-57

步骤07 设置Emission（发射）卷展栏中的Rate（速率）为2，如图6-58所示。接着设置Color over Lifetime（颜色生命周期的变化）卷展栏中的Color（颜色）属性的色标，如图6-59所示。

图6-58　　　　　　　　　　　　　图6-59

步骤08 设置Size over Lifetime（大小生命周期的变化）卷展栏中Size（大小）属性的曲线，如图6-60所示。然后设置Renderer（渲染）卷展栏中的Render Mode（渲染模式）为Horizontal Billboard（平行的渲染），如图6-61所示。效果如图6-62所示。

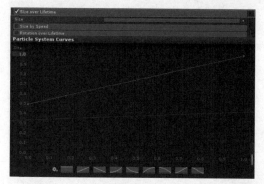

图6-60　　　　　　　　　图6-61　　　　　　　　　图6-62

步骤09 下面制作第2层效果，第2层效果与第1层类似，所以可以按快捷键Ctrl+Shift+D直接复制第1个粒子，然后命名为"dimianxiaoguo2"，如图6-63所示。接着为粒子添加"TX_baozha002_xjl.png"图像文件，如图6-64所示。

图6-63

图6-64

步骤10 在基础属性卷展栏中设置Start Lifetime（初始生命)为0.5，使dimianxiaoguo2的时间与第一个有所区别，以丰富效果，如图6-65所示。然后设置Start Color（初始颜色），如图6-66所示。接着设置Start Size（初始大小）为10，在这里需要比第1层的粒子效果大一些，如图6-67所示。

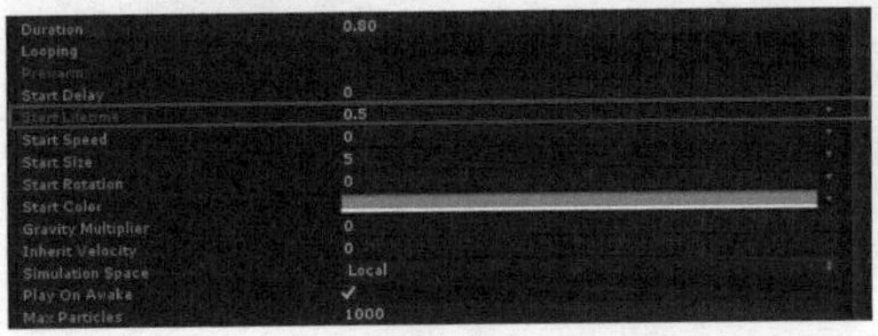

图6-65

图6-66

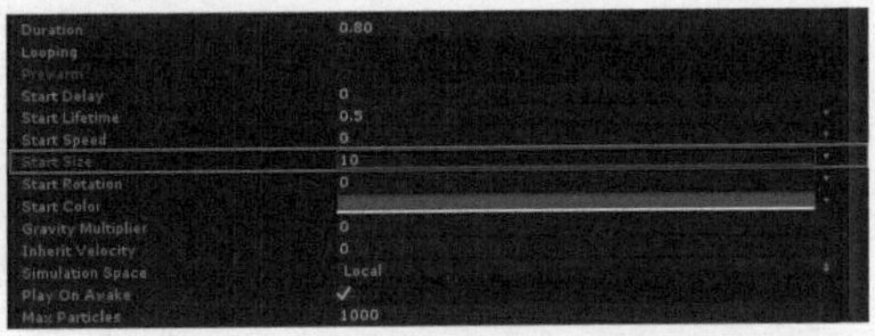

图6-67

步骤11 在Emission（发射）卷展栏中设置Rate（速率）为0、Bursts（爆开）的Particles（粒子）为3，如图6-69所示。其他参数保留第1层粒子的即可，这样第2层便制作完成了，效果如图6-69所示。

图6-68

图6-69

4.爆点效果地面部分2

▪ 步骤01 ▪ 下面制作第3层效果。第3层与第1层有较大差别，需要制作一个类似法阵的效果，因此直接新建一个粒子，将其命名为"dimianxiaoguo3"，如图6-70所示。然后为粒子添加"真灵护体环.dds"图像文件，如图6-71所示。

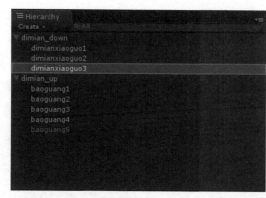

图6-70

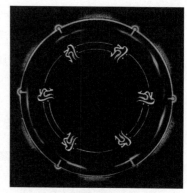

图6-71

▪ 步骤02 ▪ 在基础属性卷展栏中设置Start lifetime（初始生命）为0.8，以符合效果，如图6-72所示。然后将Start Speed（初始速度）设置为0，如图6-73所示。

▪ 步骤03 ▪ 设置Start Size（初始大小）为10，以符合整体效果，如图6-74所示。

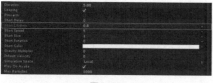

图6-72

图6-73

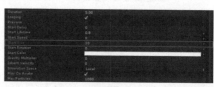

图6-74

▪ 步骤04 ▪ 设置Start Color（初始颜色），在颜色统一的条件下做一些变化，以丰富效果，如图6-75所示。然后在Emission（发射）卷展栏中设置Rate（速率）为0、Bursts（爆开）的Particles（粒子）为3，如图6-76所示。

图6-75

图6-76

▪**步骤05** ▪ 设置Color over Lifetime（颜色生命周期的变化）卷展栏中的Color（颜色）属性的色标，使粒子的透明度有变化，并且出生与消失过渡自然，总体颜色稍微淡一些，不能抢了重要粒子的视觉效果，如图6-77所示。然后在Size over Lifetime（大小生命周期的变化）卷展栏中设置Size（大小）属性的曲线，做一个由大变小再缓慢扩大消散的动画，如图6-78所示。

图6-77

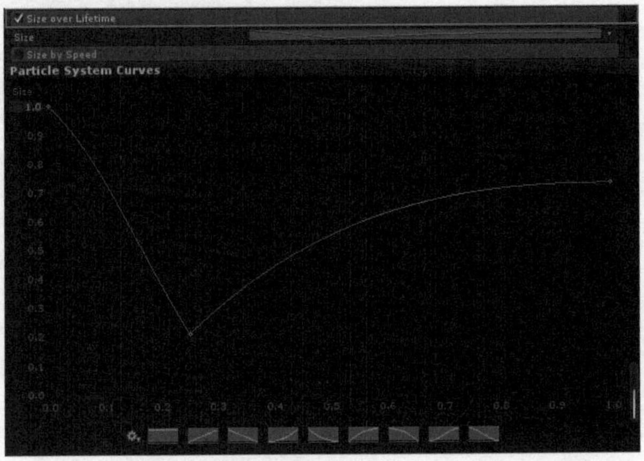

图6-78

▪**步骤06** ▪ 设置Rotation over Lifetime（旋转生命周期的变化）卷展栏中Angular Velocity（角速度）为45，使粒子具有旋转效果，如图6-79所示。

图6-79

▪**步骤07** ▪ 在Renderer（渲染）卷展栏中设置Render Mode（渲染模式）为Horizontal Billboard（平行的渲染），如图6-80所示。效果如图6-81所示。

图6-80

图6-81

步骤08 下面制作第4层效果，第4层的效果与第3层类似，因此可按快捷键Ctrl+Shift+D直接复制第3层粒子，然后重命名为"dimianxiaoguo4"，如图6-82所示。接着在基础属性卷展栏中设置Start Color（初始颜色），使其与前一个粒子有一定区别，如图6-83所示。

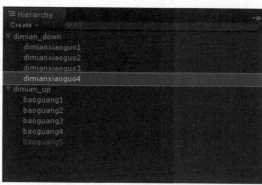

图6-82

图6-83

步骤09 在Color over Lifetime（颜色生命周期的变化）卷展栏中设置Color（颜色）属性的色标，使粒子的透明度变化及颜色与前一层粒子有所差别，如图6-84所示。然后在Size over Lifetime（大小生命周期的变化）卷展栏中设置Size（大小）属性的曲线，使粒子变化的节奏与前一层粒子有所差别，如图6-85所示。效果如图6-86所示。

图6-84

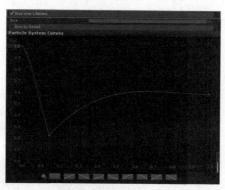

图6-85

图6-86

步骤10 设置Start Delay（初始延迟）为0.3，使延迟时间与地面以上效果的延迟时间相近，以符合整体效果，如图6-87所示。然后根据需要调整细节，效果如图6-88所示。

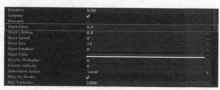

图6-87

图6-88

5.上升光效1

接下来还要制作一些上升效果。上升效果也是由多个粒子效果组成的，与地面效果不同的是，上升效果是由地面向上升起，以表现角色的能力提升。在这个润色的效果中还将使用3ds Max建立的简单模型。

▪**步骤01**▪ 启动3ds Max，然后新建场景，如图6-89所示。接着在Create（创建）面板下选择Sphere（球体），如图6-90所示。

▪**步骤02**▪ 在视图区中拖曳出一个球体，如图6-91所示。然后将其位移坐标归零，如图6-92所示。

▪**步骤03**▪ 选择球体，然后单击鼠标右键，在打开的菜单中选择"Convert to（转换为）>Convert to Editable Poly（转换为可编辑多边形）"命令，如图6-93所示。接着切换Modify（编辑）面板，选择面模式，如图6-94所示。

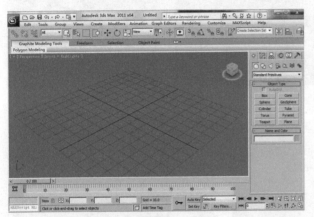
图6-89

图6-90

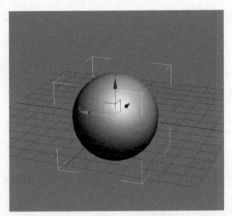
图6-91

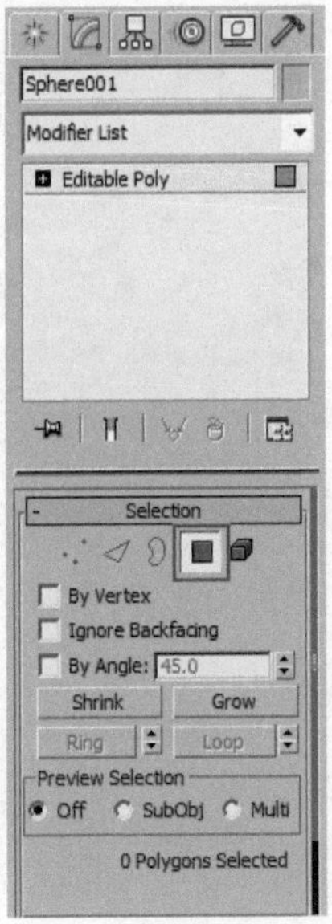

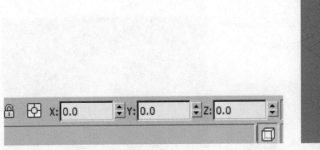
图6-92

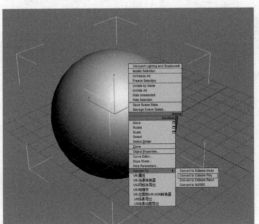
图6-93

图6-94

步骤04 按F键切换到正视图，然后选择下半球的面，如图6-95所示。接着删除选择的面，以形成一个半球面体，如图6-96所示。

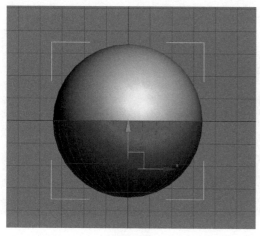

图6-95

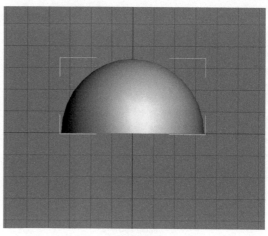

图6-96

步骤05 选择半球体，然后单击应用程序图标⑤，在打开的菜单中选择"Export（导出）> Export Selected（导出选定对象）"命令，如图6-97所示。接着在打开的Select File to Export（选择要导出的文件）对话框中选择Unity3D工程目录下的"Assets>FBX"文件夹，如图6-98所示。

步骤06 因为只导出一个半球，因此取消选择Animation（动画）、Light（灯光）和Cameras（摄像机）选项，然后单击OK（确定）按钮，如图6-99所示。

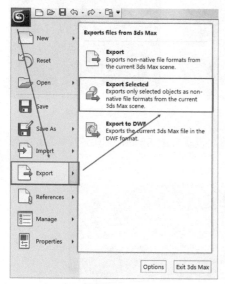

图6-97

图6-98

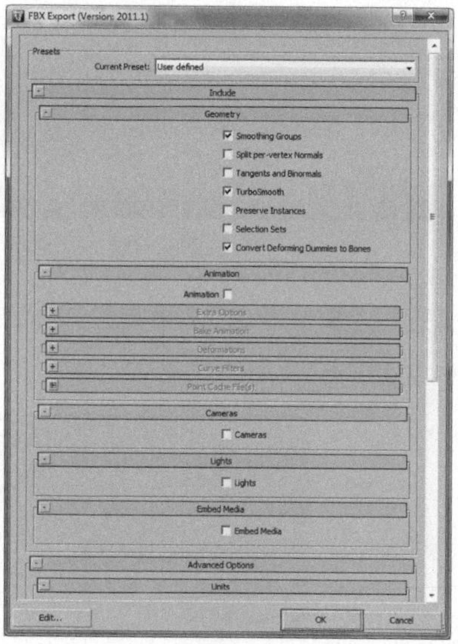

图6-99

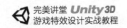

步骤07 在Unity3D中新建一个空集，然后将坐标归零，以存放将要建立的上升光效粒子，接着重命名为"shangsheng"，如图6-100所示。在shangsheng空集下新建一个粒子，将其命名为"banqiu1"，如图6-101所示。

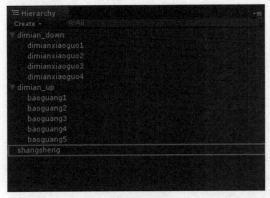

图6-100

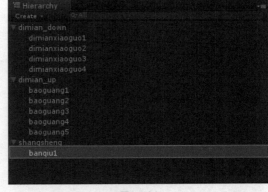

图6-101

步骤08 Renderer（渲染）卷展栏中设置Render Mode（渲染模式）为Mesh（模型的渲染），如图6-102所示。然后单击Mesh（网格）属性后面的■按钮，在打开的对话框中选择之前建立的半球模型，如图6-103所示。接着为粒子添加"qiqiu.dds"图像文件，如图6-104所示。

图6-102

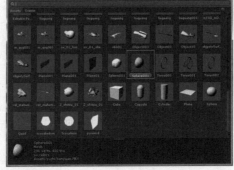

图6-103

图6-104

步骤09 在基础属性卷展栏中设置Start Lifetime（初始生命）为0.8，如图6-105所示。然后设置Start Speed（初始速度）为0，如图6-106所示。

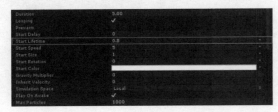

图6-105

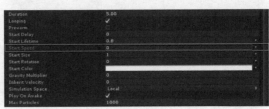

图6-106

▪ 步骤10 ▪ 设置Start Size（初始大小）为15，以包裹住其他粒子，如图6-107所示。然后设置Start Color（初始颜色），使颜色与其他粒子协调统一，如图6-108所示。

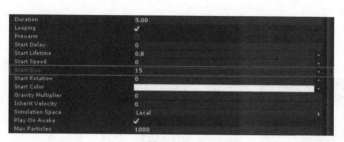

图6-107

图6-108

▪ 步骤11 ▪ 在Emission（发射）卷展栏中设置Rate（速率）为0、Bursts（爆开）的Particles（粒子）为3，如图6-109所示。然后在Color over Lifetime（颜色生命周期的变化）卷展栏中设置Color（颜色）属性的色标，如图6-110所示。

图6-109

图6-110

▪ 步骤12 ▪ 在Size over Lifetime（大小生命周期的变化）卷展栏中设置Size（大小）属性的曲线，如图6-111所示。然后在Rotation over Lifetime（旋转生命周期的变化）卷展栏中设置Angular Velocity（角速度）为180，如图6-112所示。效果如图6-113所示。

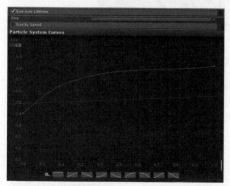

图6-111

图6-112

图6-113

6.上升光效2

步骤01 下面制作第2层的效果。第2层和第1层类似，做一个反向旋转的半球，因此按快捷键Ctrl+Shift+D复制第1层的粒子，将其重命名为"banqiu2"，如图6-114所示。然后设置Start Color（初始颜色），使颜色与前一个半球有所区别，如图6-115所示。

步骤02 在Rotation over Lifetime（旋转生命周期的变化）卷展栏中设置Angular Velocity（角速度）为-180，如图6-116所示。效果如图6-117所示。

图6-114

图6-115

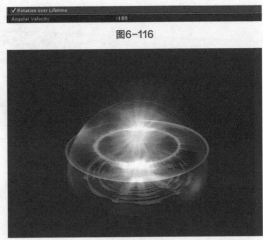

图6-116

图6-117

步骤03 下面制作第3层。新建粒子，将位移坐标归零，然后将其命名为"shangshengguang"，如图6-118所示。接着为粒子添加"dg_xjl008.dds"图像文件，如图6-119所示。

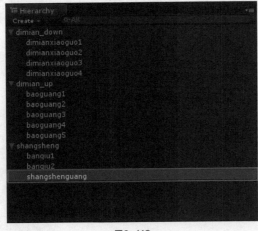

图6-118

图6-119

步骤04 在基础属性卷展栏中取消选择Loop（循环）选项，使粒子发射一次即可，如图6-120所示。然后在Emission（发射）卷展栏中设置Rate（速率）为20，如图6-121所示。

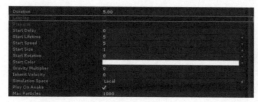

图6-120　　　　　　　　　　　　　　　　　　　　　　　　　图6-121

步骤05 在基础属性卷展栏中设置Start Lifetime（初始生命）为0.4，如图6-122所示。然后设置Start Speed（初始速度）为2，如图6-123所示。

图6-122　　　　　　　　　　　　　　　　　　　　　　　　　图6-123

步骤06 设置Start Size（初始大小）为8，使整体效果融合，如图6-124所示。然后设置Start Rotation（初始旋转）为（0，360），如图6-125所示。

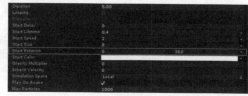

图6-124　　　　　　　　　　　　　　　　　　　　　　　　　图6-125

步骤07 调整Start Color（初始颜色），使粒子与整体效果相统一，如图6-126所示。然后在Color over Lifetime（颜色生命周期的变化）卷展栏中调整Color（颜色）属性的色标，如图6-127所示。

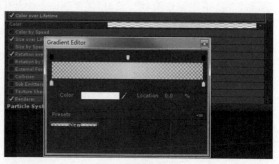

图6-126　　　　　　　　　　　　　　　　　　　　　　　　　图6-127

步骤08 在Size over Lifetime（大小生命周期的变化）卷展栏中设置Size（大小）属性的曲线，如图6-128所示。然后在Rotation over Lifetime（旋转生命周期的变化）卷展栏中设置Angular Velocity（角速度）为45，如图6-129所示。

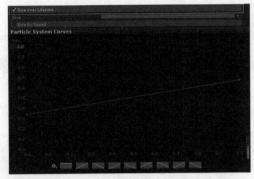

图6-128

图6-129

步骤09 在Renderer（渲染）卷展栏中设置Render Mode（渲染模式）为Horizontal Billboard（平行的渲染），如图6-130所示。然后设置Max Particle Size（渲染粒子的大小）为1，如图6-131所示。效果如图6-132所示。

图6-130

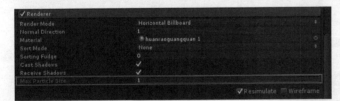

图6-131

图6-132

步骤10 下面制作第4层。第4层需要制作一个上升的星星效果。新建一个粒子，将其命名为"shangshengxingxing"，如图6-133所示。然后为粒子添加"TX_YuanSu_XingXing_zt_02_baise.png"图像文件，如图6-134所示。

图6-133

图6-134

步骤11 在基础属性卷展栏中设置Duration（持续时间）为0.7，如图6-135所示。然后设置Start Lifetime（初始生命）为0.6，如图6-136所示。

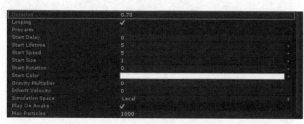

图6-135　　　　　　　　　　　　　　　　图6-136

步骤12 设置Start Speed（初始速度）为（5，8），如图6-137所示。Start Rotation（初始旋转）为（0.1，0.4），如图6-138所示。

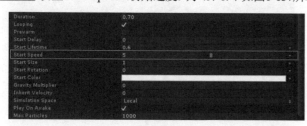

图6-137　　　　　　　　　　　　　　　　图6-138

步骤13 设置粒子的Start Color（初始颜色），如图6-139所示。然后设置Gravity Multiplier（调节重力）为0.7，如图6-140所示。

图6-139　　　　　　　　　　　　　　图6-140

步骤14 在Emission（发射）卷展栏中设置Rate（速率）为20，如图6-141所示。然后在Shape（外形）卷展栏中设置Shape（外形）为Cone（圆锥形）、Angle（角度）为10.32、Radius（半径）为1.8，如图6-142所示。

图6-141

图6-142

步骤15 在Color over Lifetime（颜色生命周期的变化）卷展栏中设置Color（颜色）属性的色标，使粒子具有闪烁的效果，如图6-143所示。效果如图6-144所示。

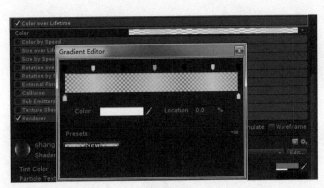

图6-143

图6-144

7.上升光效3

步骤01 最后一层与上一层的星星效果类似，只是这里要做成上升的光柱效果。按快捷键Ctrl+Shift+D直接复制shangshengxingxing粒子，然后将其重命名为"shangshengguangzhu"，如图6-145所示。接着在基础属性卷展栏中设置Duration（持续时间）为0.8，如图6-146所示。

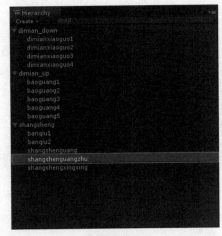

图6-145

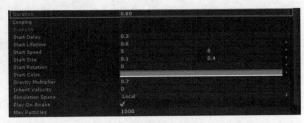

图6-146

步骤02 设置Start Lifetime（初始生命）为（0.1，0.25），如图6-147所示。然后设置Start Speed（初始速度）为10，如图6-148所示。

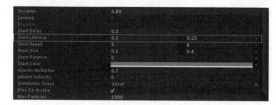 

图6-147　　　　　　　　　　　　　　　　　图6-148

步骤03 设置Start Size（初始大小）为0.1，如图6-149所示。然后设置Start Color（初始颜色），使粒子与整体颜色协调，如图6-150所示。

图6-149　　　　　　　　　　图6-150

步骤04 设置Gravity Multiplier（调节重力）为0，如图6-151所示。然后在Shape（外形）卷展栏中设置Shape（外形）为Box（盒子）、Box X（盒子X）为2、Box Y（盒子Y）为2、Box Z（盒子Z）为0，如图6-152所示。

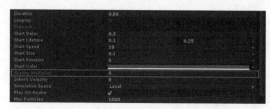 

图6-151　　　　　　　　　　　　　　　　图6-152

步骤05 在Color over Lifetime（颜色生命周期的变化）卷展栏中设置Color（颜色）属性的色标，因为不需要闪烁效果，因此改为通常的淡入淡出效果即可，如图6-153所示。然后在Renderer（渲染）卷展栏中设置Render Mode（渲染模式）为Stretched Billboard（拉伸的渲染）、Speed Scale（速度范围）为0.4、Length Scale（拉伸长度）为0，如图6-154所示。

图6-153

图6-154

步骤06 粒子是穿插于地面上升的，因此需要调整粒子高度到合适位置，如图6-155所示。最终效果如图6-156所示。

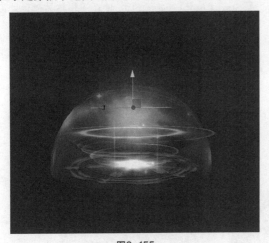

图6-155

图6-156

步骤07 调整各个粒子的延迟时间，以符合整体特效效果，延迟时间与地面以上效果的延迟时间相近。

8.盾牌循环特效1

聚光和爆点制作完成，最后是盾牌形态的持续效果制作，如图6-157所示。通过制作一个盾牌形态的循环，然后复制出第二个盾牌，之后为两个盾牌添加旋转，即可做出围绕角色旋转的盾牌持续buff效果。

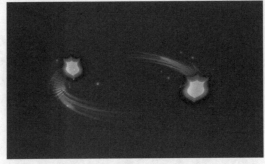

图6-157

步骤01 先新建一个空集,将其命名为"dunpaibuff", 然后将位移坐标归零,用于存放所要做的盾牌循环环绕的特效粒子,如图6-158所示。在dunpaibuff下新建空集空粒子,接着将其命名为"xuanzhuan",最后将位移坐标归零,之后在它上面做旋转动画,以带动子级的粒子,如图6-159所示。

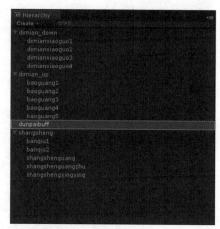

图6-158

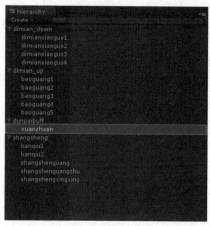

图6-159

步骤02 在旋转下新建空集,将其命名为"1",然后将位移坐标归零,以存放第一个盾牌特效的所有粒子,如图6-160所示。接着在空集1下新建一个粒子,再命名为"liangse1",将位移坐标归零,如图6-161所示。最后为粒子添加"Shield001_xjl 1.png"图像文件,如图6-162所示。

图6-160

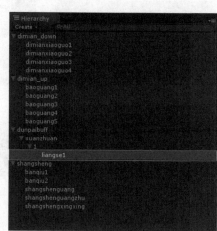

图6-161

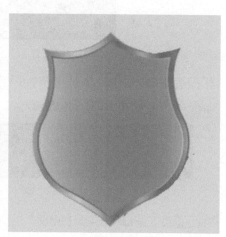

图6-162

步骤03 在基础属性卷展栏中设置Start Lifetime(初始生命)为2,如图6-163所示。然后设置Start Speed(初始速度)为0,如图6-164所示。

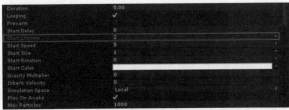

图6-163

图6-164

·步骤04· 设置Start Size（初始大小）为1.2，如图6-165所示。然后设置粒子的Start Color（初始颜色），使特效的颜色统一，如图6-166所示。

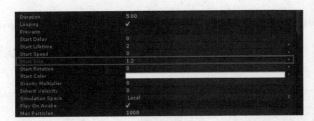

图6-165

图6-166

·步骤05· 在Emission（发射）卷展栏中设置Rate（速率）为1、Bursts（爆开）的Particles（粒子）为1，如图6-167所示。然后取消选择Shape（外形）属性组，如图6-168所示。

图6-167

图6-168

·步骤06· 在基础属性卷展栏中设置Duration（持续时间）为1，如图6-169所示。在Color over Lifetime（颜色生命周期的变化）卷展栏中设置Color（颜色）属性的色标，如图6-170所示。

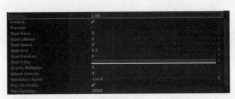

图6-169

图6-170

步骤07 在Size over Lifetime（大小生命周期的变化）卷展栏中设置Size（大小）属性的曲线，如图6-171所示。然后在Renderer（渲染）卷展栏中设置Render Mode（渲染模式）为Vertical Billboard（垂直的渲染），如图6-172所示。效果如图6-173所示。

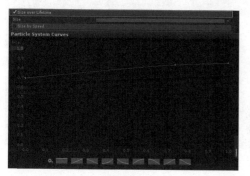
图6-171

图6-172

图6-173

步骤08 第2层和第1层类似，也是盾牌循环效果，不过在大小和颜色方面有所区别，所以可以直接按快捷键Ctrl+Shift+D复制粒子liangse1，然后重命名为"liangse2"，如图6-174所示。接着在基础属性卷展栏中设置Start Size（初始大小）为0.8，使效果比第1层的盾牌略小，如图6-175所示。

步骤09 调整粒子的Start Color（初始颜色），使颜色略淡于前一个盾牌效果，如图6-176所示。然后在Size over Lifetime（大小生命周期的变化）卷展栏中调整Size（大小）属性的曲线，如图6-177所示。效果如图6-178所示。

步骤10 下面制作第3层，第3层和前两层类似，均是盾牌形态的效果，不过这次需要做一个暗色的效果，以丰富整体效果。按快捷键Ctrl+Shift+D直接复制liangse2，然后重命名为"anse"，如图6-179所示。

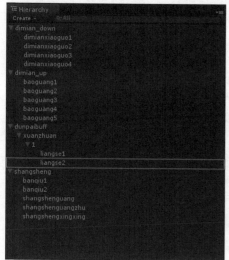
图6-174

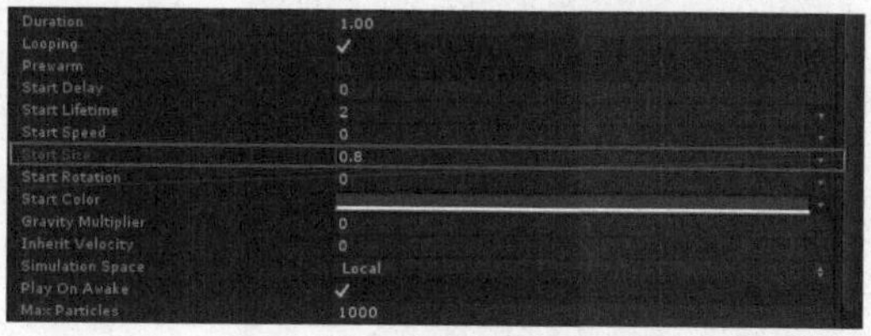

图6-176

图6-175

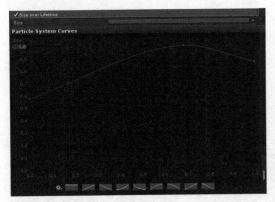

图6-177

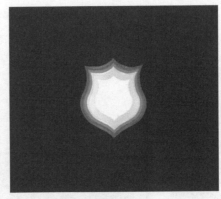

图6-178

图6-179

步骤11 在基础属性卷展栏中设置Start Size（初始大小）为1.5，使得该粒子可以包裹住前面两个，做一个垫底的效果，如图6-180所示。然后设置Start Color（初始颜色），如图6-181所示。

步骤12 在Emission（发射）卷展栏中设置Rate（速率）为2、Bursts（爆开）的Particles（粒子）为1，如图6-182所示。然后在Size over Lifetime（大小生命周期的变化）卷展栏中设置Size（大小）属性的曲线，如图6-183所示。效果如图6-184所示。

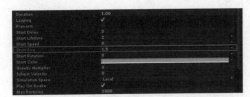

图6-180

图6-181

图6-182

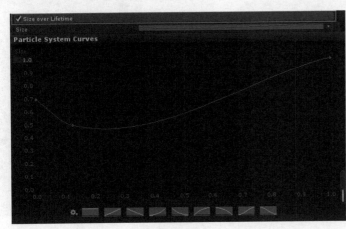

图6-183

图6-184

步骤13 在Renderer（渲染）卷展栏中设置Sorting Fudge（排序校正）为100，如图8-185所示。效果如图6-186所示。

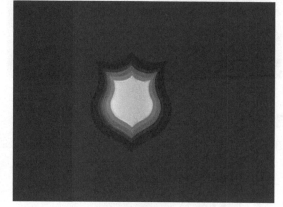

图6-185   图6-186

步骤14 至此大体形态已经具备，但是还不够丰富，还要继续添加一些润色效果。这次做一个雾气叠底的效果，依然是大小变化的形态，因此可以直接按快捷键Ctrl+Shift+D复制anse，然后重命名为"dunwu"，如图6-187所示。接着为粒子添加"QJ_dust02.png"图像文件，如图6-188所示。

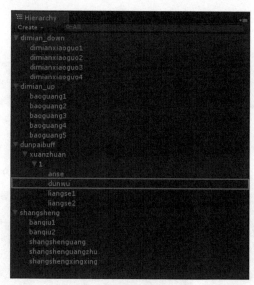

图6-187   图6-188

步骤15 在基础属性卷展栏中设置Start Size（初始大小）为1.7，使粒子比前三个更大一些，如图6-189所示。然后设置Start Rotation（初始旋转）为（0，360），如图6-190所示。

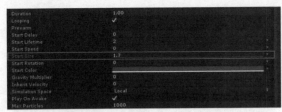

图6-189

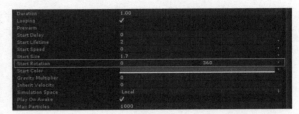

图6-190

步骤16 调整粒子的Start Color（初始颜色），使颜色更暗一些，如图6-191所示。然后在Emission（发射）卷展栏中设置Rate（速率）为8、Bursts（爆开）的Particles（粒子）为1，以增加雾气效果的厚度感，如图6-192所示。

图6-191

图6-192

步骤17 在Color over Lifetime（颜色生命周期的变化）卷展栏中设置Color（颜色）属性的色标，使粒子的整体透明度低一些，如图6-193所示。然后在Size over Lifetime（大小生命周期的变化）卷展栏中设置Size（大小）属性的曲线，如图6-194所示。

图6-193

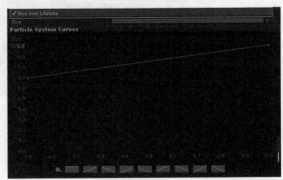

图6-194

步骤18 这样制作出的雾气并没有叠底，而是覆盖在表面的。在Renderer（渲染）卷展栏中设置Sorting Fudge（排序校正）为200，如图6-195所示。效果如图6-196所示。

图6-195

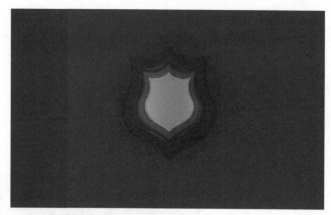

图6-196

9.盾牌循环特效2

步骤01 下面制作一个星星的润色效果，此效果与前面的盾牌效果差异较大，所以在空集1中新建一个粒子，命名为"xing"，然后将位移坐标归零，如图6-197所示。接着为粒子添加"TX_YuanSu_XingXing_zt_02_baise.png"图像文件，如图6-198所示。

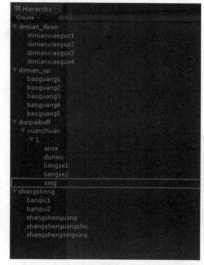

图6-197

图6-198

步骤02 在基础属性卷展栏中设置Start Lifetime（初始生命）为（0.5，0.8），使星星消散效果更丰富，如图6-199所示。然后设置Start Speed（初始速度）为（0.3，1），使星星的飞行速度有快有慢，如图6-200所示。

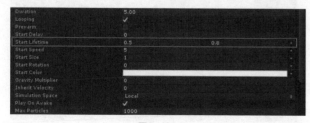

图6-199

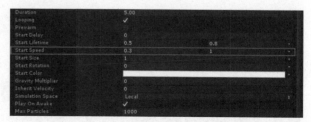

图6-200

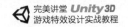

• 步骤03 • 设置Start Size（初始大小）为（0.1，0.2），使星星的大小有更多的变化，如图6-201
所示。然后调整粒子的Start Color（初始颜色），以统一整体效果，如图6-202所示。

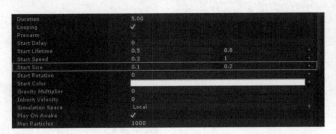

图6-201   图6-202

• 步骤04 • 这样制作出的粒子只是一个方向的发射，因此将Simulation Space（模拟空间）设置为World（世界坐标），如图6-203所
示。然后在Emission（发射）卷展栏中设置Rate（速率）为12，如图6-204所示。

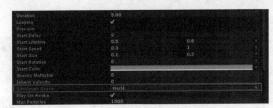

图6-203   图6-204

• 步骤05 • 在Shape（外形）卷展栏中设置Shape（外形）为Sphere（球形）、Radius（半径）为0.28，如图6-205所示。然后在Color over
Lifetime（颜色生命周期的变化）卷展栏中设置Color（颜色）属性的色标，如图6-206所示。

图6-205   图6-206

步骤06 在Size over Lifetime（大小生命周期的变化）卷展栏中设置Size（大小）属性的曲线，使星星效果更生动，如图6-207所示。效果如图6-208所示。

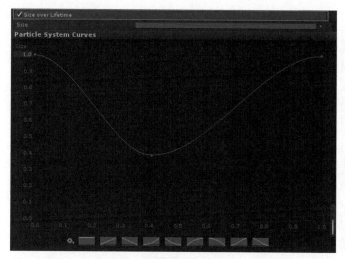

图6-207

图6-208

步骤07 目前制作出的是单个盾牌持续循环的效果，可以观察到盾牌停留在原地，为了让它围绕角色动起来，需要在xuanzhuan空粒子上添加自转动画，并将盾牌以xuanzhuan为圆心拖出旋转的半径，以达到盾牌旋转的效果。选择xuanzhuan，然后按快捷键Ctrl+6打开动画曲线编辑面板，如图6-209所示。

步骤08 在Animation（动画）对话框中，单击Add Curve（添加曲线）按钮创建动画曲线，然后在打开的对话框中设置保存的路径为工程目录的"Assets>anim"文件夹下，然后设置"文件名"为xuanzhuan，接着单击"保存"按钮，如图6-210所示。

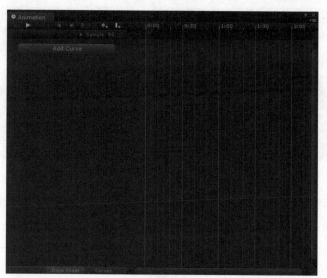

图6-209

图6-210

·步骤09· 在Animation（动画）对话框中，单击Add Curve（添加曲线）按钮，然后在打开的菜单中选择"Transform（转换器）>Rotation（旋转）"选项，这样便添加了旋转动画曲线，如图6-211所示。接着设置Rotation.y为－360，如图6-212所示。

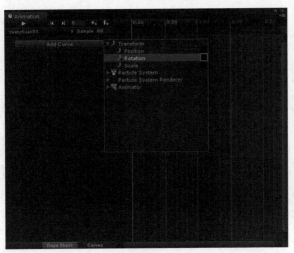

图6-211

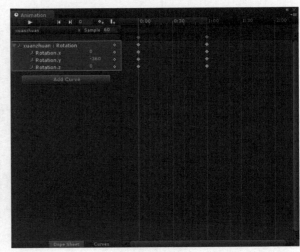

图6-212

·步骤10· 可以选择关键帧，然后左右拖曳，以拉长或缩短动画循环时间，如图6-213所示。此时盾牌效果依然在原地，需要选择空集1，将空集1以xuanzhuan空集为圆心，拖出一个合适的半径距离，如图6-214所示。这样盾牌效果便会以xuanzhuan为轴心做360°的环绕旋转动画，如图6-215所示。

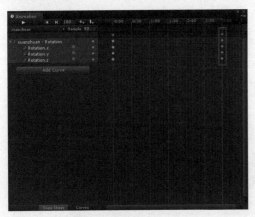

图6-213

图6-214

图6-215

·步骤11· 虽然盾牌动起来了，但还是缺少拖尾效果。按快捷键Ctrl+Shift+N新建一个空集，然后命名为"tuowei"，接着将其作为空集1的子级，并将位移坐标归零，如图6-216所示。最后执行"Component（组件）> Effects（效果）> Trail Renderer（拖尾渲染器）"菜单命令，如图6-217所示。

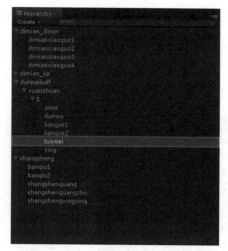

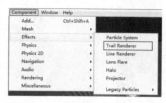

图6-216　　　　　　　　　　　　　　图6-217

步骤12 此时，空集tuowei就有了Trail Renderer（拖尾渲染器）属性组了。单击Element 0（元素 0）属性后面的 ⊙ 按钮，如图6-218所示。然后指定一种材质，并且添加"tw001_xjl.dds"图像文件，如图6-219所示。

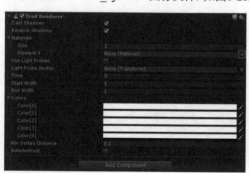

图6-218

图6-219

步骤13 在Colors（颜色）卷展栏中设置颜色，中间给一些阶梯渐变色，头尾可设置为纯黑，这样头尾透明会过渡得更自然，如图6-220所示。然后设置Time（时间）为1.5，以控制拖尾的长度，如图6-221所示。效果如图6-222所示。

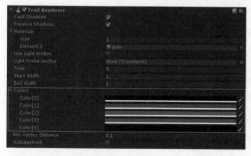

图6-220

图6-221　　　　　　　　　　　　　　图6-222

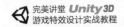

步骤14 接下来制作第2个盾牌。直接复制空集1，然后重命名为"2"，如图6-223所示。接着将空集2移动到与1相对的位置，如图6-224所示。效果如图6-225所示。

图6-223

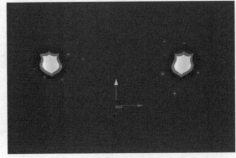

图6-224

图6-225

步骤15 这样一个完整的盾牌buff的特效即制作完成，播放动画效果如图6-226所示。

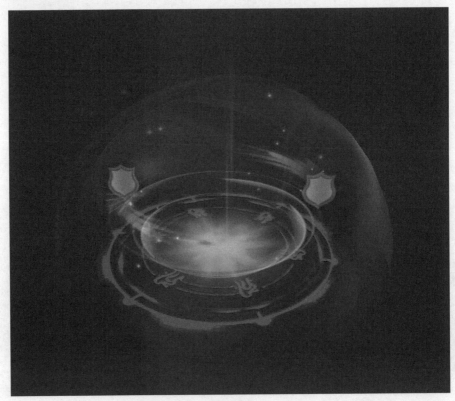

图6-226

6.2 debuff类特效案例讲解——毒球循环特效

案例位置	Examples>CH06>Debuff.unitypackage
素材位置	Footage>CH06
难易指数	★★★☆☆

减益buff又称减益效果，通常都会直称英文debuff。它是对一个或多个单位施放的具有负面效果的魔法，可以减少角色的属性和能力，使之战斗力降低，部分debuff可以被驱散。debuff的实现效果多种多样，可分为持续掉血（角色血量持续下降）、减速（降低角色移动速度）、破甲（降低或无视防御值）、显隐（显示隐身对象）以及减攻速（降低角色攻击速度）等。

持续掉血是大多游戏常用的debuff效果。毒气buff便是掉血buff惯用的表现手法，一般是在对象身上做一团类似毒气的循环雾气，在一定时间内消耗对象的血量。

有了清晰的认识和思路之后，下面就开始讲解如何制作毒气循环的debuff，效果如图6-227所示。

步骤01 按快捷键Ctrl+Shift+N新建一个Game Object（游戏对象），然后在Transform（转换器）卷展栏中把其坐标位置全部归零，重命名为"Duxunhuan"并作为父级，接着建一个粒子系统，将其作为Duxunhuan的子级，再命名为"1"，将Transform（转换器）卷展栏中的坐标位置归零，最后在基础属性卷展栏中设置Start Speed（初始速度）为0，效果如图6-228所示。

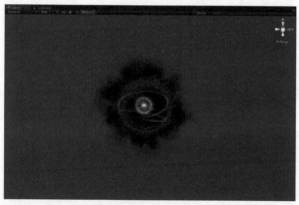

图6-227

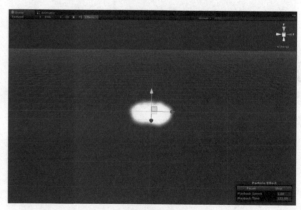

图6-228

步骤02 关闭Shape（外形）属性组，这样在Scene（场景）视图里就可以看到粒子是在一个圆点上进行发射，如图6-229所示。

步骤03 在Renderer（渲染）卷展栏中为粒子指定圆环模型，如图6-230所示。然后为模型随便添加一张贴图，接着在基础属性卷展栏中设置Start Color（初始颜色），如图6-231所示。

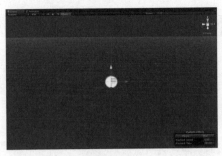

图6-229

图6-230

图6-231

步骤04 设置Start Rotation（初始旋转）为（0，360），如图6-232所示。然后在Color over Lifetime（颜色生命周期的变化）卷展栏中设置Color（颜色）属性的色标，让它有个淡入淡出的效果，如图6-233所示。

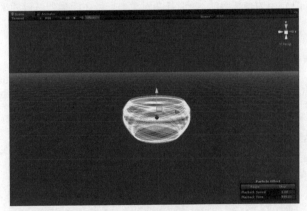

图6-232

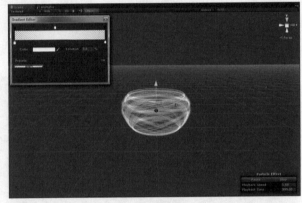

图6-233

步骤05 在基础属性卷展栏中将Start Lifetime（初始生命）降低，如图6-234所示。然后在Emission（发射）卷展栏中将Rate（速率）降低，如图6-235所示。

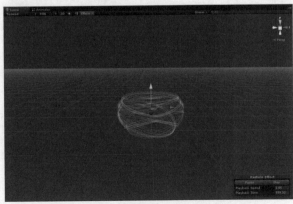

图6-234

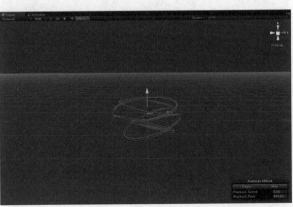

图6-235

步骤06 在Rotation over Lifetime（旋转生命周期的变化）卷展栏中设置Angular Velocity（角速度）为（−200，200），如图6-236所示。

步骤07 新建一个Particle System（粒子系统)作为1的外圈，然后将其作为Duxunhuan的子级，接着命名为"2"，将Transform（转换器）卷展栏中的坐标位置归零，并在基础属性卷展栏中设置start Speed（初始速度）为0，再关闭Shape（外形）属性组，最后为粒子添加"M_T_LiZi_72.png"图像文件，效果如图6-237所示。

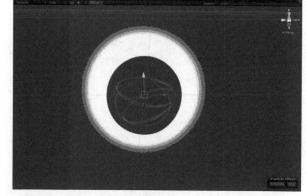

图6-236

图6-237

步骤08 在Color over Lifetime（颜色生命周期的变化）卷展栏中设置Color（颜色）属性的色标，使光圈的外围变得更透明一些，如图6-238所示。然后在基础属性卷展栏中将Start Lifetime（初始生命）降低，接着设置Start Rotation（初始旋转）为（0，360），如图6-239所示。

图6-238

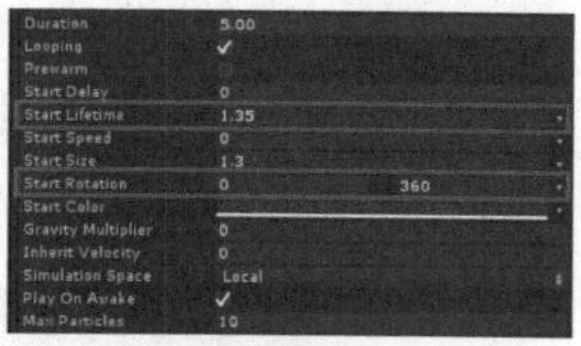

图6-239

步骤09 设置Start Size（初始大小），使粒子2和粒子1的范围一样，然后在Size over Lifetime（大小生命周期的变化）卷展栏中设置Size（大小）属性的曲线，使粒子具有由小到大的变化，如图6-240所示。最后设置Start Color（初始颜色），使粒子2和粒子1的颜色尽量协调，也可以做点颜色上过渡的变化，如图6-241所示。

图6-240

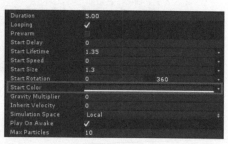

图6-241

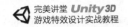

步骤10 按快捷键Ctrl+D复制粒子2，然后重命名为"3"，接着为其添加"sd_xjl003a.TGA"图像文件，作为里面的亮光点，如图6-242所示。最后在Emission（发射）卷展栏中将Rate（速率）降低，效果如图6-243所示。

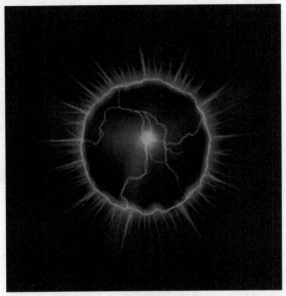

图6-242

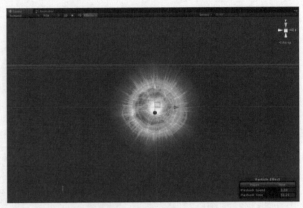

图6-243

步骤11 在基础属性卷展栏中调节Start Size（初始大小），使粒子3在整个光圈的内部，如图6-244所示。然后在Color over Lifetime（颜色生命周期的变化）卷展栏中设置Color（颜色）属性的色标，如图6-245所示。最后在基础属性卷展栏中调节Start Color（初始颜色），使粒子3与其他粒子的颜色协调。

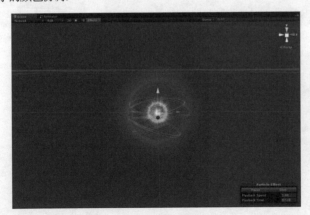

图6-244

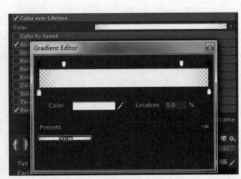

图6-245

▪步骤12▪ 按快捷键Ctrl+D复制粒子2，然后将其重命名为"4"，作为整个光圈外的一层烟雾，接着为其添加"QJ_yanyuansu.png"图像文件，如图6-246所示。

▪步骤13▪ 在基础属性卷展栏中调整Start Size（初始大小）和Start Color（初始颜色），效果如图6-247所示。

▪步骤14▪ 按快捷键Ctrl+D复制粒子4，然后重命名为"5"，接着为其添加"QJ_dust02.png"图像文件，如图6-248所示。最后在基础属性卷展栏中调节Start Color（初始颜色），效果如图6-249所示。

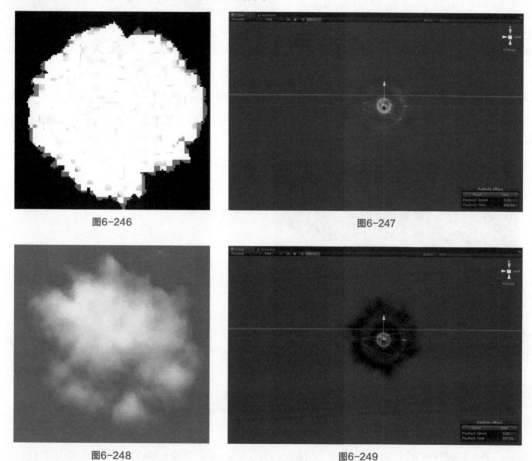

图6-246

图6-247

图6-248

图6-249

▪步骤15▪ 设置Start Size（初始大小）为1.4，然后在Emission（发射）卷展栏中设置Rate（速率）为8，如图6-250所示。在Renderer（渲染）卷展栏中设置Sorting Fudge（排序校正）为200，如图6-251所示。

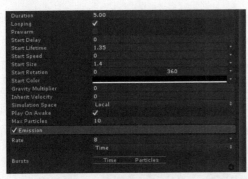

图6-250   图6-251

步骤16 因为是debuff特效，所以可以添加代表邪恶的骷髅头在整个毒气向外扩散的效果。按快捷键Ctrl+D复制粒子5，然后为其添加
"CannibalismSpirits_purp.dds"图像文件，如图6-252所示。因为添加的是一张序列贴图，所以要在Texture Sheet Animation（贴图的UV动
画）卷展栏中将Tiles的*X*和*Y*均设置为2，如图6-253所示。

图6-252   图6-253

步骤17 在Shape（外形）卷展栏中设置Shape（外形）为Sphere（球形）、Radius（半径）为0.32，因为下面要调节速度，所以可以根据速
度来配合调节，不要让它向外扩散的范围太大，如图6-254所示。

图6-254

步骤18 设置Start Size（初始大小）为（0.2, 0.1）、Start Speed（初始速度）为（0.1, 0.5），如图6-255所示。然后取消选择Shape（外形）卷展栏中Emit from Shell（从外壳发射）选项，如图6-256所示。

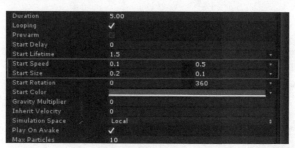

图6-255

至此debuff的效果已制作完成，这个效果就可以在游戏里绑定到人物的身上进行减益技能的处理。可以根据所玩的游戏里debuff的特效效果往其中加入自己的元素，让特效效果更丰富、更具体。

图6-256

第 *7* 章

粒子系统的深入学习

本章导读

本章是粒子系统的深入学习，主要学习粒子参数里的碰撞与繁衍，这些效果都是在以后制作的特效中经常运用的。本章的陨石特效中也会运用到参数里的碰撞与繁衍，使得陨石落下爆炸更能真切地表现出来。

学习要点：

碰撞粒子与粒子繁衍

制作陨石爆炸特效

7.1 碰撞粒子与粒子繁衍

在第2章Unity3D基础操作的参数讲解中,详细地介绍了粒子的碰撞和繁衍是如何创建和运用的,下面就来回顾一下粒子的碰撞与繁衍,接下来会在后面的案例中教大家如何使用。

7.1.1 Collision（碰撞）

碰撞有两种,一种是本地片的碰撞,另一种是世界里的碰撞,有碰撞体的都可以进行碰撞,如图7-1所示。

图7-1

Planes（平面）：单击Planes（平面）后面的按钮,可以添加一个碰撞面板,此时在Scene（场景）视图里就会出现一个绿色的网格碰撞面板,在Hierarchy（资源）视图里的Particle System（粒子系统）下也会自动绑定一个Plane Transform 1。

Visualization（可视化操作）：碰撞面板的格式有两种,一种是Grid（网格面板）,另一种是Solid（固体面板）。

Scale Plane（碰撞面板的大小）：设置平面在Scene（场景）视图里显示的大小,但调节面板的大小与碰撞体的大小没有太大的关系。

Dampen（阻力）：当把阻力的数值调大时,就会发现粒子粘连到碰撞面板上,调为负值则有相反的效果,会碰到面板后反弹出去。

Bounce（产生摩擦）：控制粒子是否和碰撞面板产生摩擦,即摩擦的系数。

Lifetime Loss（减弱生命）：控制粒子接触到碰撞面板后,是以多大的阻力生存下去的。如果生命进行衰减,粒子的生命也会减弱。

Min Kill Speed（速度消失）：粒子碰撞后,速度小于该指定速度则消失。

Particle Radius（粒子的半径）：设置粒子的半径。

Send Collision Messages（发送碰撞信息）：选择此选项后,将发送碰粒子撞信息。

7.1.2 Sub Emitters（繁衍）

Sub Emitters（繁衍）卷展栏下有3种效果,如图7-2所示。单击属性后面的按钮可以添加繁衍效果。

Birth（出生时的繁衍）：粒子在出生的时候会产生另外一个粒子。

Collision（碰撞时的繁衍）：这个粒子在进行碰撞时会产生下一个粒子,这就是无限循环的一个过程。

图7-2

Death（死亡时的繁衍）：这个粒子在死亡的时候会产生下一个粒子。

7.2 陨石爆炸特效案例讲解

案例位置	Examples>CH07>YunShi.unitypackage
素材位置	Footage>CH07
难易指数	★★★☆☆

本例主要学习岩石从空中跌落到地上并产生爆炸的效果，如图7-3所示。在制作过程中有以下几个关键要素需要注意。

第1：在3ds Max里创建一个类似陨石的模型。

第2：陨石从上而下的运动轨迹要体现出来。

第3：陨石跌落时的拖尾效果。

第4：陨石砸在地面爆炸后会产生地裂、地坑、烟雾和光效等，还有一些细碎的石块。

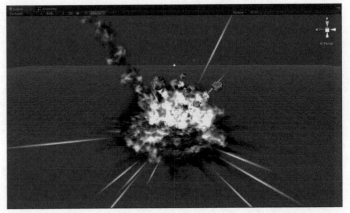

图7-3

7.2.1 陨石模型的制作

陨石的模型可以在游戏论坛里找到并下载使用，也可以自己在3ds Max里建一个简易的陨石，下面就来介绍如何在3ds Max里创建一个陨石的模型。

步骤01 启动3ds Max，然后新建场景，如图7-4所示。单击Create（创建）面板下的Sphere（球体）按钮，如图7-5所示。接着在视图中按住左键并拖曳生成一个球体，如图7-6所示。

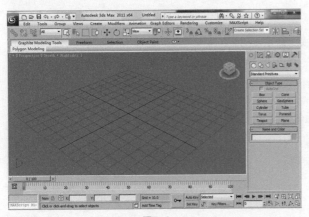

图7-4

图7-5

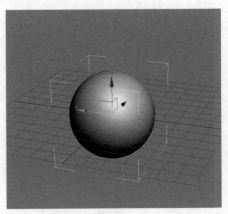

图7-6

步骤02 将球体位移坐标归零，如图7-7所示。然后设置球体的Segments（段数）为11，使球体具有石块的棱角感，也方便之后的形态调整，如图7-8所示。

步骤03 选择球体，然后单击鼠标右键，在打开的菜单中选择"Convert to（转换为）>Convert to Editable Poly（转换为可编辑多边形）"命令，如图7-9所示。接着切换到Modify（编辑）面板选择点模式，如图7-10所示。

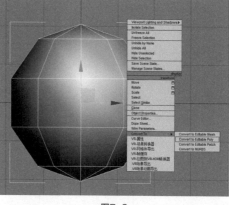

图7-7　　　　　　　　　　图7-8　　　　　　　　　　　　图7-9　　　　　　　　　　　图7-10

步骤04 通过调整点来改变球体的形状，制作出简易的陨石模型，如图7-11所示。完成后的陨石模型效果如图7-12所示。

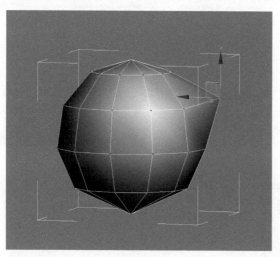

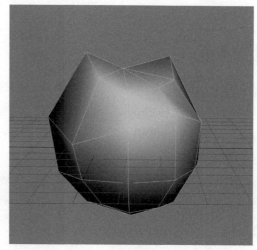

图7-11　　　　　　　　　　　　　　　图7-12

步骤05 选择石块，然后单击应用程序图标，在打开的菜单中选择"Export（导出）> Export Selected（导出选定对象）"命令，如图7-13所示。接着在打开的Select File to Export（选择要导出的文件）对话框中选择Unity3D工程目录下的"Assets>FBX"文件夹，如图7-14所示。

步骤06 因为只导出一个石块模型，所以在打开的对话框中取消选择Animation（动画）、Light（灯光）和Cameras（摄像机）选项，然后单击OK（确定）按钮，如图7-15所示。

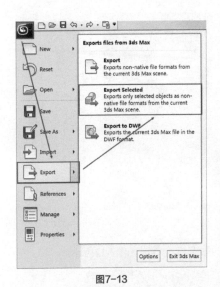

图7-13

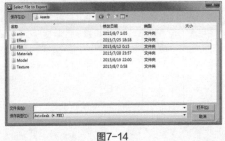

图7-14

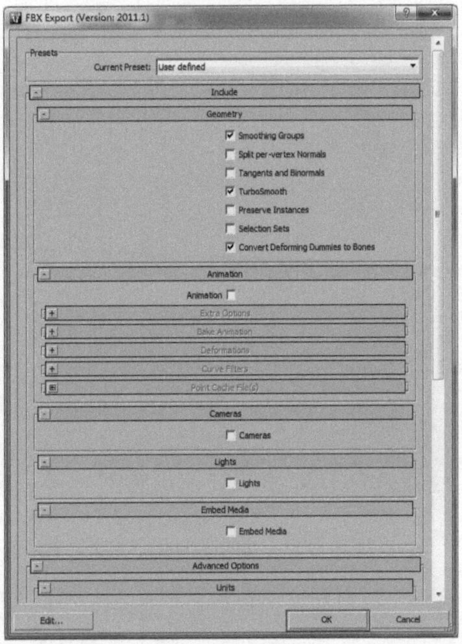

图7-15

7.2.2 陨石飞落

步骤01 按快捷键Ctrl+Shift+N新建一个空集，然后把位置归零，接着新建一个粒子系统，作为空集的子级，再把粒子的坐标位置归零，最后将粒子向上拖曳，如图7-16所示。

步骤02 在基础属性卷展栏中取消选择Looping（循环）选项，如图7-17所示。然后取消选择Shape（外形）属性组，如图7-18所示。接着设置Max Particles（最大粒子数）为1，如图7-19所示。

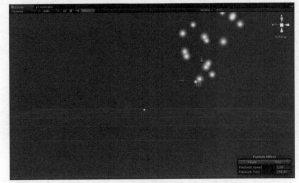

图7-16

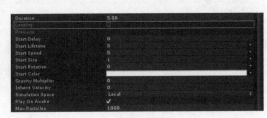

图7-17

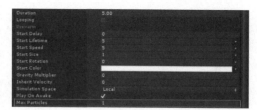

图7-18 　　　　　　　　　　　　　　　　　　　　图7-19

步骤03 在Emission（发射）卷展栏中设置Rate（速率）为0、Bursts（爆开）的Particles（粒子）为1，如图7-20所示。然后在Renderer（渲染）卷展栏中设置Render Mode（渲染模式）为Mesh（模型的渲染)，如图7-21所示。

图7-20 　　　　　　　　　　　　　　图7-21

步骤04 为粒子指定陨石模型，如图7-22所示。然后为粒子添加"Z_shitou_01.png"图像文件，如图7-23所示。

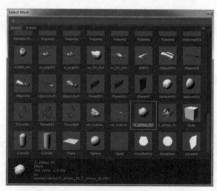

图7-22 　　　　　　　　　　　　　　图7-23

步骤05 在Velocity over Lifetime（粒子生命周期速度偏移模块）卷展栏中设置X为-14、Z为-25，如图7-24所示。然后在基础属性卷展栏中设置Start Lifetime（初始生命）为0.6，如图7-25所示。

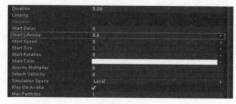

图7-24 　　　　　　　　　　　　　　图7-25

步骤06 设置Start Size（初始大小）为80，如图7-26所示。然后在Rotation over Lifetime（旋转生命周期的变化）卷展栏中设置Angular Velocity（角速度）为600，如图7-27所示。

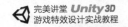
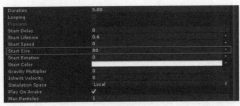

图7-26

图7-27

步骤07 在Color over Lifetime（颜色生命周期的变化）卷展栏中设置Color（颜色）属性的色标，如图7-28所示。然后在Sub Emitters（繁衍）卷展栏中单击Birth（出生时的繁衍）后面的 按钮，如图7-29所示。

图7-28

图7-29

步骤08 此时Hierarchy（资源）视图中会新建一个名为SubEmitter的粒子，如图7-30所示。选择新粒子，然后在基础属性卷展栏中设置Start Size（初始大小）为2，如图7-31所示。

图7-30

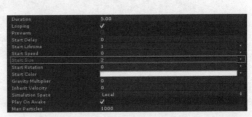

图7-31

步骤09 在Emission（发射）卷展栏中设置Rate（速率）为20，如图7-32所示。然后在基础属性卷展栏中设Start Lifetime（初始生命）为0.8，如图7-33所示。接着为粒子指定一个材质并添加"qj_huoyan_02_0000.tga"图像文件，如图7-34所示。

图7-32

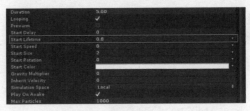

图7-33

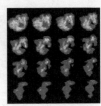

图7-34

步骤10 因为选择的是一张序列贴图，所以在Texture Sheet Animation（贴图的UV动画）卷展栏中设置Tiles的X、Y均为4，如图7-35所示。然后在Rotation over Lifetime（旋转生命周期的变化）卷展栏中设置Angular Velocity（角速度）为（0，−80），如图7-36所示。

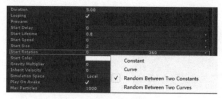

图7-35

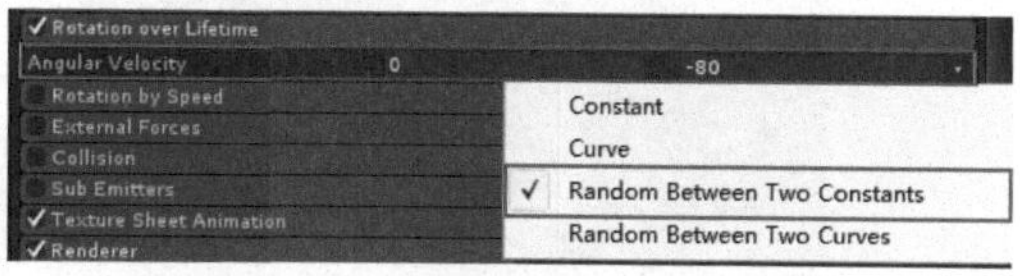

图7-36

步骤11 在基础属性卷展栏中设置Start Rotation（初始旋转）为（0，360），如图7-37所示。然后在Renderer（渲染）卷展栏中设置Max Particle Size（渲染粒子的大小）为1，使粒子不会随着视角的变化而变化，如图7-38所示。

图7-37

图7-38

步骤12 在Color over Lifetime（颜色生命周期的变化）卷展栏中设置Color（颜色）属性的色标，如图7-39所示。在日常生活中看到火焰在燃烧后会产生黑烟，所以再叠加一层黑烟的效果。在Sub Emitters（繁衍）卷展栏中单击Birth（出生时的繁衍）后面的 ■ 按钮添加子粒子，如图7-40所示。

图7-39

图7-40

步骤13 将生成的粒子重命名为"Smoke"，然后为其添加"QJ_dust02.png"图像文件，如图7-41所示。接着在基础属性卷展栏中设置Start Size（初始大小）为2，如图7-42所示。

图7-41

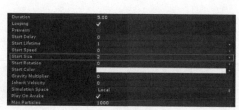

图7-42

步骤14 设置Start Rotation（初始旋转）为（0，360），如图7-43所示。然后在Emission（发射）卷展栏中设置Rate（速率）为20，如图7-44所示。

图7-43　　　　　　　　　　　　　　　　图7-44

步骤15 在基础属性卷展栏中设置Start Lifetime（初始生命）为（1.2，1.5），使烟雾的生命时间可以比火焰时间长一些，如图7-45所示。然后在Velocity over Lifetime（粒子生命周期速度偏移模块）卷展栏中设置X为（0.2，−0.2）、Y为（0.2，−0.2），如图7-46所示。

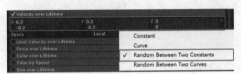

图7-45　　　　　　　　　　　　　　　　图7-46

步骤16 王在Color over Lifetime（颜色生命周期的变化）卷展栏中设置Color（颜色）属性的色标，如图7-47所示。然后在Rotation over Lifetime（旋转生命周期的变化）卷展栏中设置Angular Velocity（角速度）为（0，−80），如图7-48所示。接着在Renderer（渲染）卷展栏中设置Sorting Fudge（排序校正）为−200，使火焰优先于烟雾渲染出来，如图7-49所示。

图7-47　　　　　　　　图7-48　　　　　　　　图7-49

7.2.3 地面爆开

步骤01 新建一个粒子系统，将其坐标全部归零，如图7-50所示。取消选择Shape（外形）属性组，如图7-51所示。

图7-50　　　　　　　　　　　　　　　　图7-51

步骤02 在基础属性卷展栏中设置Start Speed（初始速度）为0，如图7-52所示。然后在Renderer（渲染）卷展栏中设置Max Particle Size（渲染粒子的大小）为1，如图7-53所示。

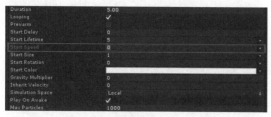

图7-52   图7-53

步骤03 设置Render Mode（渲染模式）为Horizontal Billboard（平行的渲染），如图7-54所示。然后为粒子添加 "Z_baoz_05. png" 图像文件，如图7-55所示。

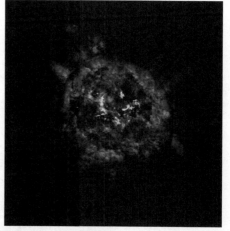

图7-54   图7-55

步骤04 在基础属性卷展栏中设置Start Size（初始大小）为20，使陨石坑略大于陨石，如图7-56所示。然后设置Start Lifetime（初始生命）为2，如图7-57所示。接着设置Max Particles（最大粒子数）为2，如图7-58所示。

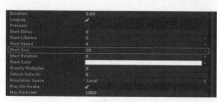 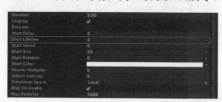 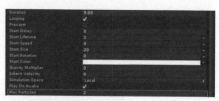

图7-56   图7-57   图7-58

步骤05 在Emission（发射）卷展栏中设置Rate（速率）为0、Bursts（爆开）的Particles（粒子）为2，如图7-59所示。播放动画，观察整个坑和陨石跌落时的位置是否正确，如果不正确，那么调整粒子，使粒子刚好落在陨石坑上，如图7-60所示。

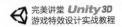

图7-59

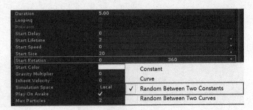

图7-60

步骤06 在基础属性卷展栏中取消选择Looping（循环），如图7-61所示。然后设置Start Rotation（初始旋转）为（0，360），如图7-62所示。

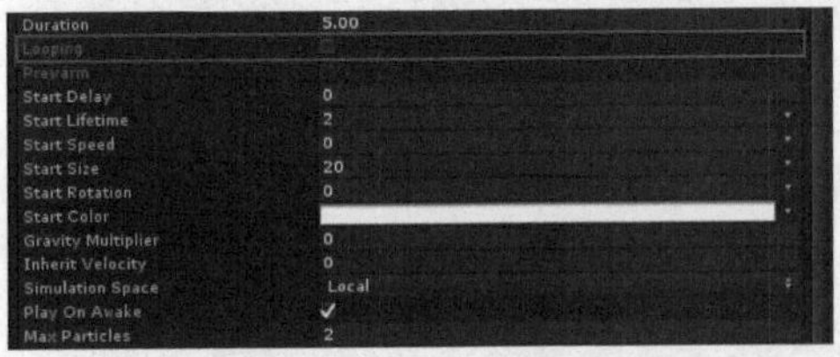

图7-61

图7-62

步骤07 在Color over Lifetime（颜色生命周期的变化）卷展栏中设置Color（颜色）属性的色标，如图7-63所示。然后在基础属性卷展栏中设置Start Delay（初始延迟）为0.6，如图7-64所示。接着设置Duration（持续时间）为1，如图7-65所示。

图7-63

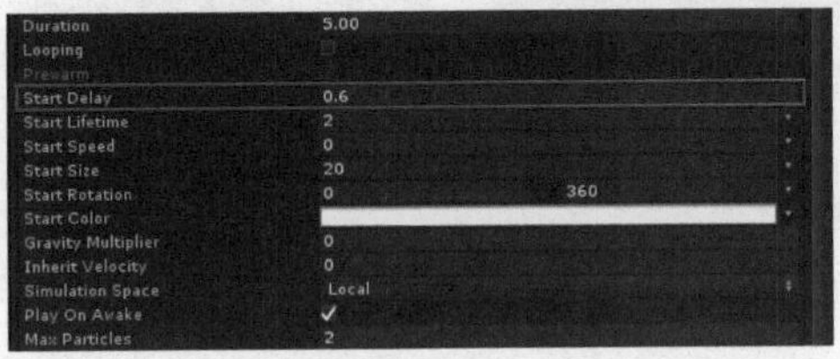

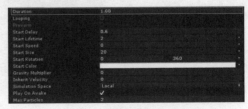

图7-64

图7-65

7.2.4 冲击波

步骤01 按快捷键Ctrl+D复制上一层，然后为其添加"QJ_03dave_026.png"图像文件，以制作爆发出来的冲击感，如图7-66所示。接着在Emission（发射）卷展栏中设置Rate（速率）为0、Bursts（爆开）的Particles（粒子）为1，如图7-67所示。

图7-66

图7-67

步骤02 在基础属性卷展栏中设置Start Lifetime（初始生命）为0.2，如图7-68所示。然后在Size over Lifetime（大小生命周期的变化）卷展栏中设置Size（大小）属性的曲线，如图7-69所示。

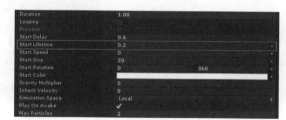

图7-68

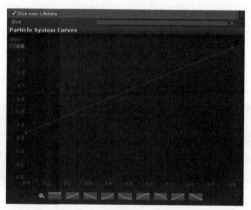

图7-69

步骤03 在基础属性卷展栏中设置Start Size（初始大小）为35，如图7-70所示。然后设置Start Color（初始颜色），使整体粒子效果协调，如图7-71所示。

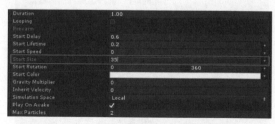

图7-70

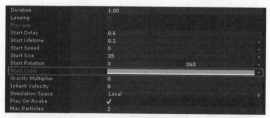

图7-71

·步骤04· 新建一个粒子系统用来制作爆发出的光线，然后将其坐标归零，如图7-72所示。在Shape（外形）卷展栏中设置Shape（外形）为Sphere（球形）、Radius（半径）为0.01，如图7-73所示。

图7-72　　　　　　　　　　　　　　　　　图7-73

·步骤05· 在基础属性卷展栏中设置Start Lifetime（初始生命)为（0.3，0.2），如图7-74所示。然后取消选择Looping（循环）选项，如图7-75所示。

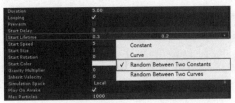

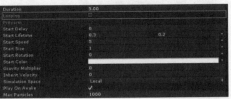

图7-74　　　　　　　　　　　　　　　　　图7-75

·步骤06· 在Renderer（渲染）卷展栏中设置Render Mode（渲染模式）为Stretched Billboard（拉伸的渲染），如图7-76所示。然后在基础属性卷展栏中设置Start Speed（初始速度）为（15，8），如图7-77所示。接着为粒子添加"M_T_LiZi_02.png"图像文件，如图7-78所示。

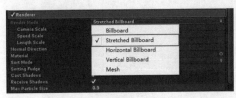

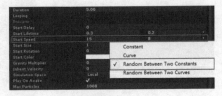

图7-76　　　　　　　　　　图7-77　　　　　　　　　　图7-78

·步骤07· 在Emission（发射）卷展栏中设置Rate（速率）为0、Bursts（爆开）的Particles（粒子）为20，如图7-79所示。然后在Color over Lifetime（颜色生命周期的变化）卷展栏中设置Color（颜色）属性的色标，如图7-80所示。

图7-79　　　　　　　　　　　　　　　　　图7-80

步骤08 在基础属性卷展栏中设置Start Color（初始颜色），使其与整体粒子效果协调，如图7-81所示。然后设置Start Delay（初始延迟）为0.6，如图7-82所示。

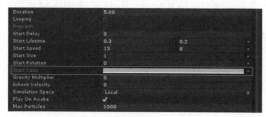 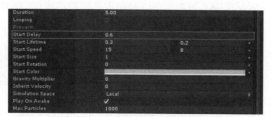

图7-81 图7-82

步骤09 设置Start Size（初始大小）为0.2，如图7-83所示。然后在Size over Lifetime（大小生命周期的变化）卷展栏中设置Size（大小）属性的曲线，如图7-84所示。

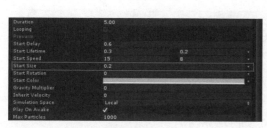 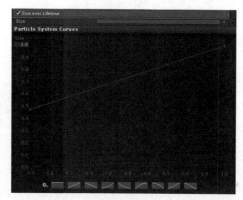

图7-83 图7-84

步骤10 复制刚制作的爆开光线粒子，然后为其添加"TX_YuanSu_XingXing_zt_02_baise.png"图像文件，如图7-85所示。然后在Renderer（渲染）卷展栏中设置Render Mode（渲染模式）为Billboard（公告栏的渲染），如图7-86所示。接着在基础属性卷展栏中设置Start Rotation（初始旋转）为（0，360），如图7-87所示。

  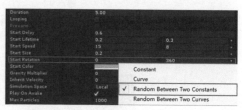

图7-85 图7-86 图7-87

7.2.5 爆炸火焰

步骤01 下面制作陨石砸在地面爆开时向外扩散的火焰，新建一个粒子系统，将其坐标全部归零，如图7-88所示。然后在Shape（外形）卷展栏中设置Shape（外形）为HemiSphere（半球形）、Radius（半径）为2，如图7-89所示。

图7-88   图7-89

步骤02 为粒子添加"qj_huoyan_02_0000.tga"图像文件，如图7-90所示。在Texture Sheet Animation（贴图的UV动画）卷展栏中将Tiles的X和Y均设置为4，如图7-91所示。

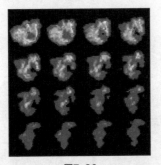

图7-90   图7-91

步骤03 在Renderer（渲染）卷展栏中设置Max Particle Size（渲染粒子的大小）为1，如图7-92所示。然后在Emission（发射）卷展栏中设置Rate（速率）为0、Bursts（爆开）的Particles（粒子）为50，如图7-93所示。

图7-92   图7-93

步骤04 在基础属性卷展栏中设置Start Lifetime（初始生命）为（0.3, 0.5），如图7-94所示。然后设置Start Rotation（初始旋转）为（0, 360），如图7-95所示。

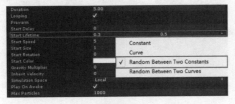

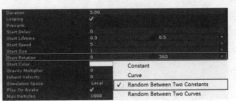

图7-94   图7-95

▪步骤05▪ 设置Start Size（初始大小）为3，如图7-96所示。然后设置Start Speed（初始速度）为6，如图7-97所示。

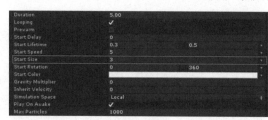

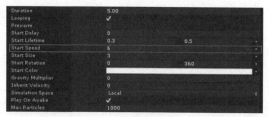

图7-96　　　　　　　　　　　　　　　　　图7-97

▪步骤06▪ 设置Start Delay（初始延迟）为0.65，如图7-98所示。然后取消选择Looping（循环）选项，如图7-99所示。

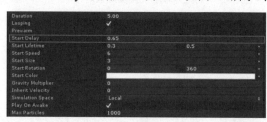

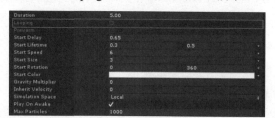

图7-98　　　　　　　　　　　　　　　　　图7-99

▪步骤07▪ 在Size over Lifetime（大小生命周期的变化）卷展栏中设置Size（大小）属性的曲线，如图7-100所示。然后在Color over Lifetime（颜色生命周期的变化）卷展栏中设置Color（颜色）属性的色标，如图7-101所示。

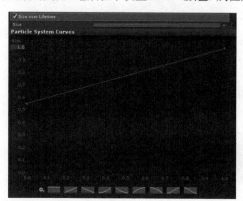

图7-100　　　　　　　　　　　　　　　　图7-101

▪步骤08▪ 按快捷键Ctrl+D复制上一个粒子，用来制作爆炸后的烟雾，然后添加"QJ_simpleSmoke3. png"图像文件，如图7-102所示。

图7-102

步骤09 因为用的不是序列贴图,所以取消选择Texture Sheet Animation(贴图的UV动画)属性组,如图7-103所示。然后在基础属性卷展栏中设置Start Color(初始颜色),让烟雾颜色深一点,如图7-104所示。

图7-103

图7-104

步骤10 在Color over Lifetime(颜色生命周期的变化)卷展栏中设置Color(颜色)属性的色标,如图7-105所示。然后在基础属性卷展栏中设置Start Speed(初始速度)为8,如图7-106所示。接着在Renderer(渲染)卷展栏中设置Sorting Fudge(排序校正)为200,使烟雾在火焰后面进行渲染,如图7-107所示。

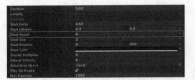

图7-105

图7-106

图7-107

步骤11 接下来制作爆炸后的曝光点。新建一个粒子系统,然后将其坐标归零,如图7-108所示。接着为粒子添加"M_T_LiZi_02.png"图像文件,如图7-109所示。

图7-108

图7-109

步骤12 取消选择Shape(外形)属性组,如图7-110所示。然后在基础属性卷展栏中设置Start Speed(初始速度)为0,如图7-111所示。

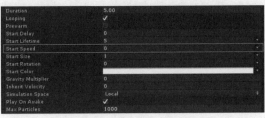

图7-110

图7-111

步骤13 在Size over Lifetime（大小生命周期的变化）卷展栏中设置Size（大小）属性的曲线，如图7-112所示。然后在基础属性卷展栏中设置Start Size（初始大小）为20，如图7-113所示。

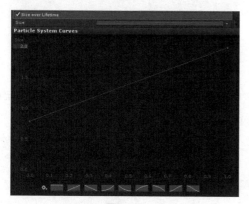

图7-112

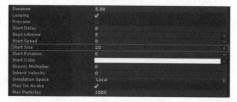

图7-113

步骤14 设置Start Lifetime（初始生命）为0.1，如图7-114所示。然后在Emission（发射）卷展栏中设置Rate（速率）为0、Bursts（爆开）的Particles（粒子）为1，如图7-115所示。

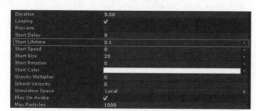

图7-114

图7-115

步骤15 在Color over Lifetime（颜色生命周期的变化）卷展栏中设置Color（颜色）属性的色标，如图7-116所示。然后在基础属性卷展栏中设置Start Delay（初始延迟）为0.65，如图7-117所示。

图7-116

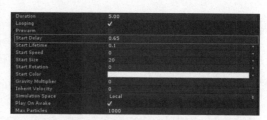

图7-117

步骤16 取消选择Looping（循环）选项，如图7-118所示。然后设置Start Color（初始颜色），使粒子的颜色与整体效果协调，如图7-119所示。

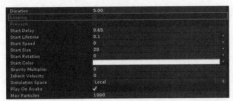

图7-118

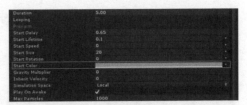

图7-119

步骤17 复制爆炸的火焰粒子，作为火焰燃烧后的残留，然后在Emission（发射）卷展栏中设置Rate（速率）为50、Bursts（爆开）的Particles（粒子）为2，如图7-120所示。在基础属性卷展栏中设置Duration（持续时间）为1，如图7-121所示。

图7-120

图7-121

步骤18 在Color over Lifetime（颜色生命周期的变化）卷展栏中设置Color（颜色）属性的色标，如图7-122所示。然后在基础属性卷展栏中设置Start Size（初始大小）为(1, 2)，如图7-123所示。接着在Shape（外形）卷展栏中设置Shape（外形）为Box（盒子）、Box X（盒子X）为5、Box Y（盒子Y）为5、Box Z（盒子Z）为0.5，如图7-124所示。

图7-122

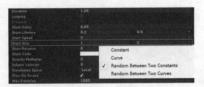

图7-123

图7-124

7.2.6 火焰碰撞

步骤01 新建一个粒子系统，用来制作陨石跌落后爆开的小碎石，然后将其坐标位置全部归零，如图7-125所示。接着在Renderer（渲染）卷展栏中设置Render Mode（渲染模式）为Mesh（模型的渲染），如图7-126所示。

图7-125

图7-126

■ 步骤02 ■ 为粒子指定一个陨石模型,如图7-127所示。然后为粒子添加"Z_shitou_01.png"图像文件,如图7-128所示。

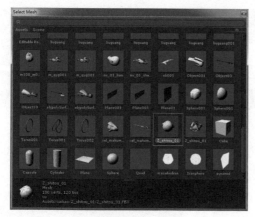

图7-127

图7-128

■ 步骤03 ■ 在Shape(外形)卷展栏中设置Shape(外形)为Cone(圆锥形)、Angle(角度)为30、Radius(半径)为0.5,如图7-129所示。然后在Emission(发射)卷展栏中设置Rate(速率)为0、Bursts(爆开)的Particles(粒子)为10,如图7-130所示。

图7-129

图7-130

■ 步骤04 ■ 在基础属性卷展栏中设置Start Delay(初始延迟)为0.65,如图7-131所示。然后设置Start Rotation(初始旋转)为(0, 360),如图7-132所示。

图7-131

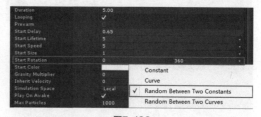

图7-132

■ 步骤05 ■ 设置Start Speed(初始速度)为(30, 10),如图7-133所示。然后设置Start Size(初始大小)为(20, 40),如图7-134所示。

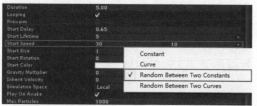

图7-133

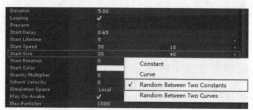

图7-134

步骤06 设置Start Lifetime（初始生命）为（1.5，2），如图7-135所示。然后设置Gravity Multiplier（调节重力）为8，如图7-136所示。

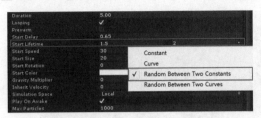

图7-135　　　　　　　　　　　　　　　　图7-136

步骤07 在Rotation over Lifetime（旋转生命周期的变化）卷展栏中设置Angular Velocity（角速度）为（200，−200），如图7-137所示。然后在基础属性卷展栏中取消选择Looping（循环）选项，如图7-138所示。

图7-137　　　　　　　　　　　　　　　　图7-138

步骤08 为Planes（平面）属性指定碰撞体，如图7-139所示。然后设置Visualization（可视化操作）为Grid（网格面板），如图7-140所示。

图7-139　　　　　　　　　　　　　　　　图7-140

步骤09 在Scene（场景）视图要把碰撞面板进行向下的旋转，如图7-141所示。然后设置粒子的Dampen（阻力）为0.25，如图7-142所示。

图7-141　　　　　　　　　　　　　　　　图7-142

步骤10 为粒子添加出生时的繁衍，使其也有一些小粒子的拖尾效果，如图7-143所示。然后为拖尾粒子添加"qj_huoyan_02_0000.tga"图像文件，如图7-144所示。

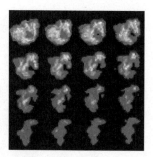

图7-143 图7-144

步骤11 在Texture Sheet Animation（贴图的UV动画）卷展栏中将Tiles的*X*和*Y*均设置为4，如图7-145所示。然后在基础属性卷展栏中设置Start Lifetime（初始生命）为（0.2，0.5），如图7-146所示。

图7-145

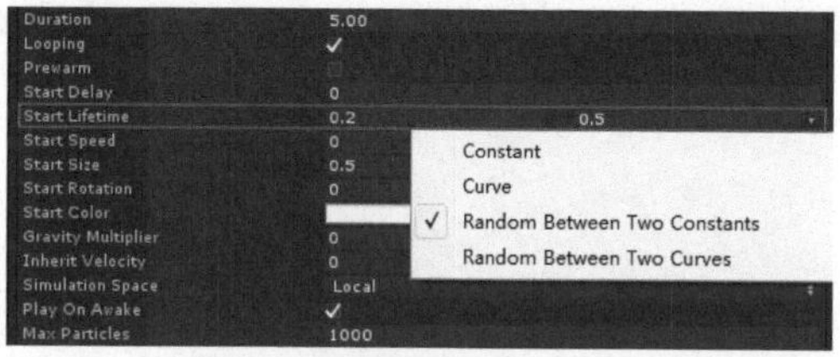

图7-146

步骤12 取消选择Looping（循环）选项，如图7-147所示。然后设置Start Rotation（初始旋转）为（0，360），如图7-148所示。接着设置Start Size（初始大小）为（0.5，1），如图7-149所示。

图7-147

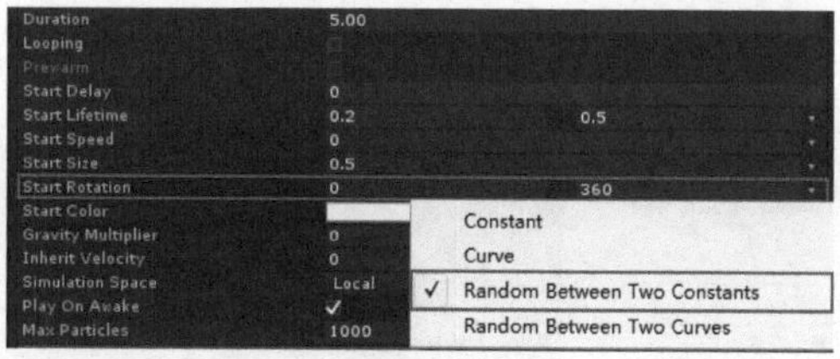

图7-148 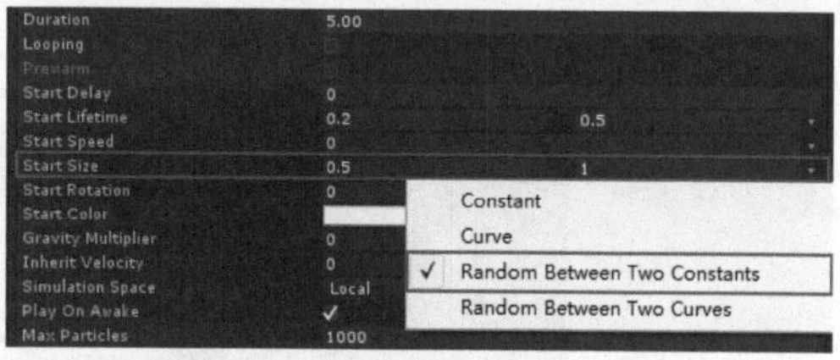 图7-149

步骤13 在Emission（发射）卷展栏中设置Rate（速率）为20，如图7-150所示。然后在Color over Lifetime（颜色生命周期的变化）卷展栏中设置Color（颜色）属性的色标，如图7-151所示。

图7-150

图7-151

步骤14 新建一个出生时的繁衍，如图7-152所示。然后为繁衍粒子添加"QJ_dust02.png"图像文件，如图7-153所示。

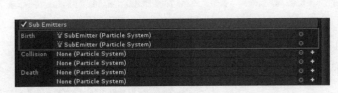

图7-152

图7-153

步骤15 在基础属性卷展栏中设置Start Lifetime（初始生命）为（0.5，0.3），如图7-154所示。然后取消选择Looping（循环）选项，如图7-155所示。

步骤16 设置Start Rotation（初始旋转）为（0，360），如图7-156所示。然后设置Start Size（初始大小）为（0.3，0.8），如图7-157所示。

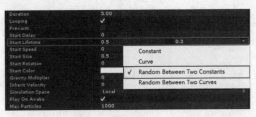

图7-154

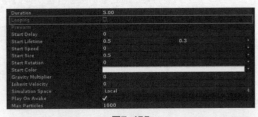

图7-155

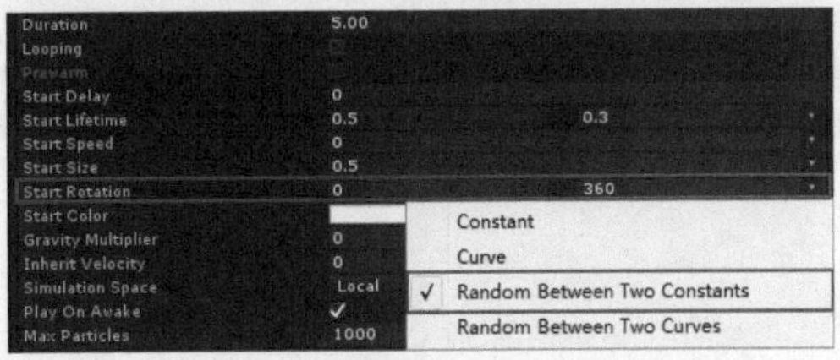

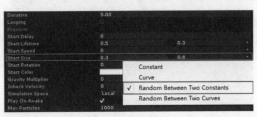

图7-156

图7-157

▪ **步骤17** ▪ 在Emission（发射）卷展栏中设置Rate（速率）为20，如图7-158所示。在Color over Lifetime（颜色生命周期的变化）卷展栏中设置Color（颜色）属性的色标，如图7-159所示。

图7-158

图7-159

▪ **步骤18** ▪ 至此整个特效的效果已制作完成，播放动画观察效果，如图7-160所示。

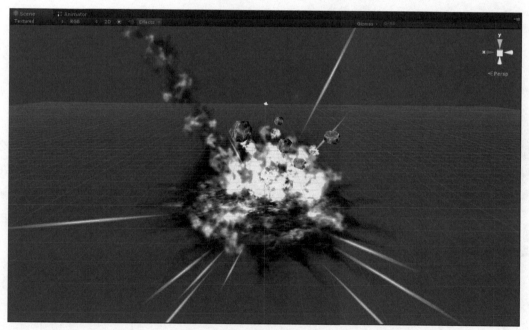

图7-160

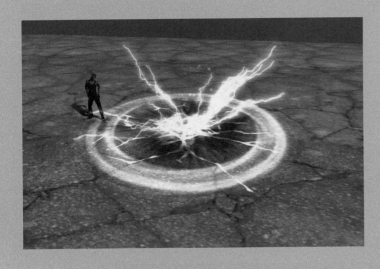

第 **8** 章

物理攻击特效案例

本章导读

本章主要了解什么是物理攻击特效，并学习物理特效的制作方法。通过三个案例具体讲解在一个物理攻击的人物身上如何去制作特效。

学习要点：

了解什么是物理攻击

制作徒手三连击特效

制作但丁暴怒动作特效

制作旋风打击特效

8.1 什么是物理攻击

用一个物体去攻击一个东西或用武器直接作用于人体的攻击称为物理攻击,即纯用力量及技巧(如体术)攻击。在现实中,使用喷火器、枪械及其他非力量性攻击并不是物理攻击。同样的,使用手雷等投掷武器也不是物理攻击。

在游戏中,物理攻击通常分为两大类,即物理近战和物理远程。物理近战是拿刀剑之类的近战武器攻击,如图8-1所示。

图8-1

物理远程是指用弓箭和弩等射击武器进行攻击,一切都以力量为主,是有别于魔法攻击的一种攻击手段,如图8-2和图8-3所示。

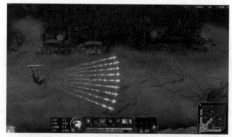

图8-2

图8-3

8.2 徒手三连击特效案例讲解

案例位置	Examples>CH08>SanLianJi.unitypackage
素材位置	Footage>CH08
难易指数	★★★☆☆

本节讲解徒手攻击三连击的特效,这是一种物理系特效,在制作特效时,首先要了解整体动作的运动规律,接下来可以把整个动作分为几部分。第1部分是人物本身的绑定特效;第2部分是三下打击出拳带出的三次光效;第3部分是光效砸在地上爆发出的打击效果,如图8-4所示。

图8-4

8.2.1 人物特效的绑定

找到人物手部的位置，为手上绑定特效，让手部在运动的时候，绑定的特效也相对在移动。找到左手部的位置"sanlianji_new>Bip01>Bip01 Pelvis>Bip01 Spine>Bip01 Spine1>Bip01 Spine2>Bip01 Neck>Bip01 L Clavicle>Bip01 L UpperArm>Bip01 L Forearm>Bip01 L Hand>Bip01 L Finger0/1/2/3/4"，如图8-5所示。

右手的位置"sanlianji_new>Bip01>Bip01 Pelvis>Bip01 Spine>Bip01 Spine1>Bip01 Spine2>Bip01 Neck>Bip01 R Clavicle>Bip01 R UpperArm>Bip01 R Hand>Bip01 R Finger0/1/2/3/4"，如图8-6所示。

图8-5

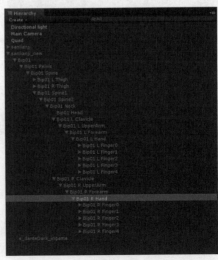

图8-6

因为左手和右手都分别是五个指头，所以要绑定每边各五个位置的特效。当然，在制作手部拖尾时，需要注意最好不要在人物动作本身进行拖尾的绑定，可以先建立一个空集Game Object，然后在空集上进行拖尾绑定。

1.手部拖尾特效

步骤01 选择Bip01 L Finger02，然后执行"Component（组件）> Effects（效果）>Trail Renderer（拖尾渲染器）"菜单命令，如图8-7所示。

步骤02 在Inspector（检测）面板中为Element 0（元素0）属性指定一个材质，如图8-8所示。然后添加"sd_xjl010.dds"图像文件，如图8-9所示。

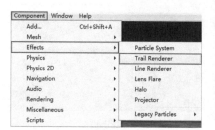

图8-7

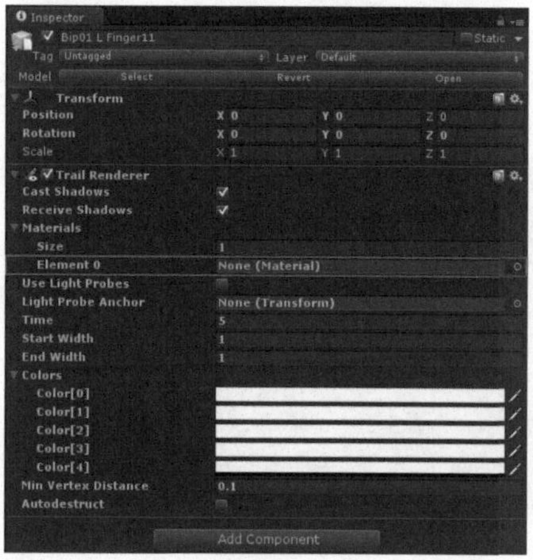

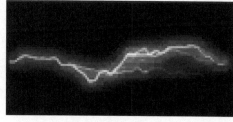

图8-8

图8-9

步骤03 设置Time（时间）为0.15，如图8-10所示。调整之后的效果如图8-11所示。然后设置Start Width（初始宽度）为0.5，如图8-12所示。

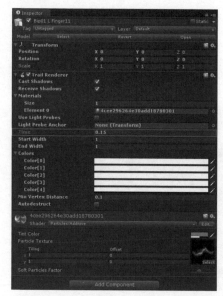

图8-10

图8-11

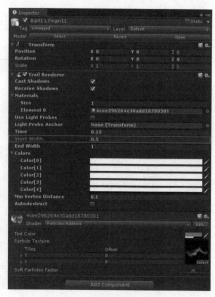

图8-12

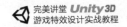
•**步骤04**• 设置End Width（结束宽度）为0.2，如图8-13所示。调整之后的效果如图8-14所示。调整后拖尾的效果在瞬间一带而过，并且拖尾的效果细而短。然后设置Colors（颜色），如图8-15所示。

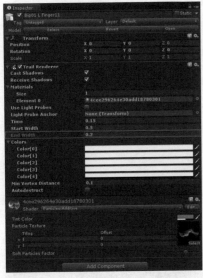

图8-13

图8-14

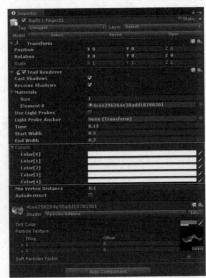

图8-15

•**步骤05**• 当做完第1个拖尾渲染时，播放制作的效果能看出只有一个单薄的特效是远远不够的。所以要添加其他手指的特效，这时可以用简单的复制、粘贴的办法进行操作，按快捷键Ctrl+D进行特效复制，然后拖至叉开的三根手指下，使三根手指都绑上拖尾效果，如图8-16所示。

•**步骤06**• 左手和右手都绑定了以后，可以简单地改一下每一个效果的宽度和生命时间，每个效果有些不一样的变化，如图8-17所示。调整之后的效果如图8-18所示。

图8-16

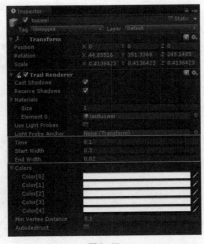

图8-17

图8-18

2.手部的烟雾

▪**步骤01**▪ 下面为手部制作烟雾特效。新建一个Particle System（粒子系统），将其命名为"1"，然后将粒子作为Bip01 L Finger02的子级，如图8-19所示。接着将粒子的坐标全部归零，如图8-20所示。完成后可以观察到粒子是在人物的手部进行发射，如图8-21所示。

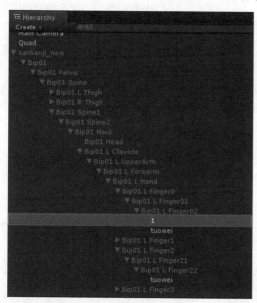

图8-19

图8-20

图8-21

▪**步骤02**▪ 取消选择Shape（外形）属性组，如图8-22所示。然后设置Start Speed（初始速度）为0，如图8-23所示。接着为粒子添加"QJ_dust02.png"图像文件，如图8-24所示。

图8-22

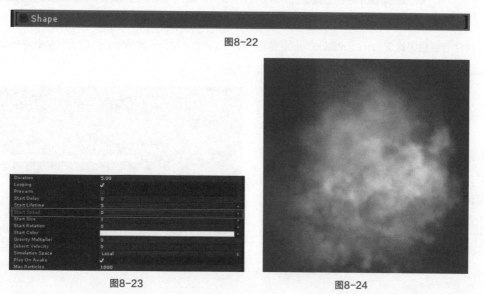

图8-23

图8-24

步骤03 在基础属性卷展栏中设置Start Lifetime（初始生命）为0.8，如图8-25所示。然后在Color over Lifetime（颜色生命周期的变化）卷展栏中设置Color（颜色）属性的色标，如图8-26所示。

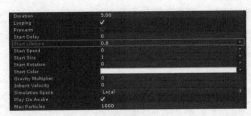

图8-25

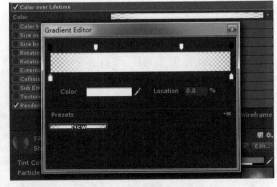

图8-26

步骤04 在基础属性卷展栏中设置Start Size（初始化大小）为（1，4），如图8-27所示。然后在Size over Lifetime（大小生命周期的变化）卷展栏中设置Size（大小）属性的曲线，如图8-28所示。

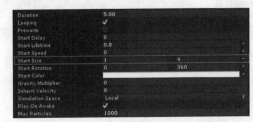

图8-27

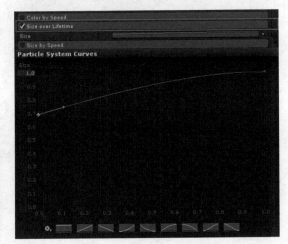

图8-28

步骤05 在基础属性卷展栏中设置Start Rotation（初始旋转）为（0，360），如图8-29所示。然后设置Max Particles（最大粒子数）为30，接着在Emission（发射）卷展栏中设置Rate（速率）为30，如图8-30所示。

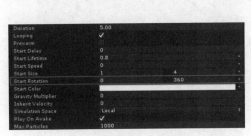

图8-29

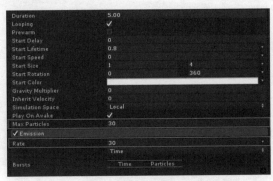

图8-30

步骤06 设置Start Color（初始颜色），使粒子的颜色尽量偏蓝色一些，如图8-31所示。然后设置Simulation Space（模拟空间）为World（世界坐标），如图8-32所示。

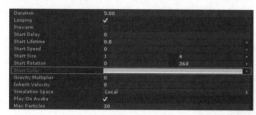 

图8-31　　　　　　　　　　　　　　　　　　图8-32

步骤07 制作完成后，一定要考虑到在调整视角时，粒子产生的偏差效果，所以在Renderer（渲染）卷展栏中设置Max Particle Size（渲染粒子的大小）为1，如图8-33所示。然后在基础属性卷展栏中取消选择Looping（循环），如图8-34所示。接着设置Duration（持续时间）为1.6，如图8-35所示。

 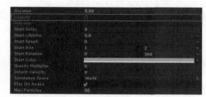 

图8-33　　　　　　　　　　　图8-34　　　　　　　　　　　图8-35

步骤08 复制完成左手烟雾后，将其拖曳到右手的绑定点Bip01 R Finger02，如图8-36所示。然后将烟雾粒子的位置全部归零，这样粒子才是在绑定的右手上进行发射的，如图8-37所示。调整之后的最终效果如图8-38所示。

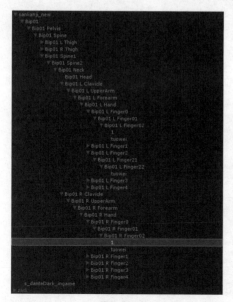

图8-37

图8-36　　　　　　　　　　　　　　　　　　图8-38

3.手部粒子

▸步骤01◂ 制作完烟雾以后，可以再添加一些跟随的小粒子。复制烟雾粒子，然后将其重命名为"2"，如图8-39所示。接着为粒子添加"ef_mfs039.tga"图像文件，如图8-40所示。

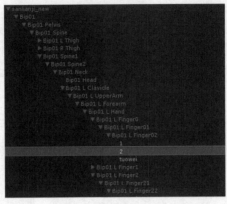

图8-39 图8-40

▸步骤02◂ 在Shape（外形）卷展栏中设置Shape（外形）为Sphere（球形），如图8-41所示。然后设置Radius（半径）为0.5，如图8-42所示。接着在基础属性卷展栏中设置Start Speed（初始速度）为0.8，如图8-43所示。

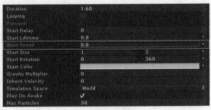

图8-41 图8-42 图8-43

▸步骤03◂ 设置Start Size（初始大小）为（0.2，0.5），如图8-44所示。然后在Color over Lifetime（颜色生命周期的变化）卷展栏中设置Color（颜色）属性的色标，如图8-45所示。

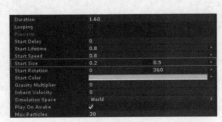

图8-44 图8-45

步骤04 在制作完左手的粒子后，按快捷键Ctrl+D复制粒子，然后把复制的粒子拖曳到右手的绑定点Bip01 R Finger02，如图8-46所示。接着将粒子系统坐标全部归零，这样粒子才能在右手上发射，如图8-47所示。最终制作完成的效果如图8-48所示。

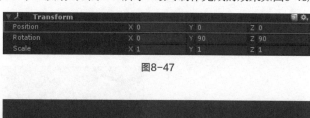

图8-47

图8-46

图8-48

8.2.2 出拳第1击光效

本节主要通过添加刀光类型的粒子来表现徒手连击的夸张特效。

1.第1层光效

步骤01 按快捷键Ctrl+Shift+N新建一个Game Object（游戏对象），把空集重命名为"guangxiao_1"，作为第1次打击效果的父级，如图8-49所示。然后新建一个Particle System（粒子系统）用来制作刀光，将其作为guangxiao_1的子级，然后重命名为"1"，最后将坐标全部归零，如图8-50所示。

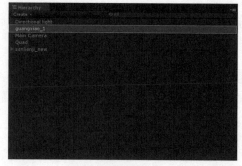

图8-49

图8-50

步骤02 在Renderer（渲染）卷展栏中设置Render Mode（渲染模式）为Mesh（模型的渲染），如图8-51所示。然后为其制定一个平面模型，如图8-52所示。接着添加"daoguang_00019.dds"图像文件，如图8-53所示。

图8-51

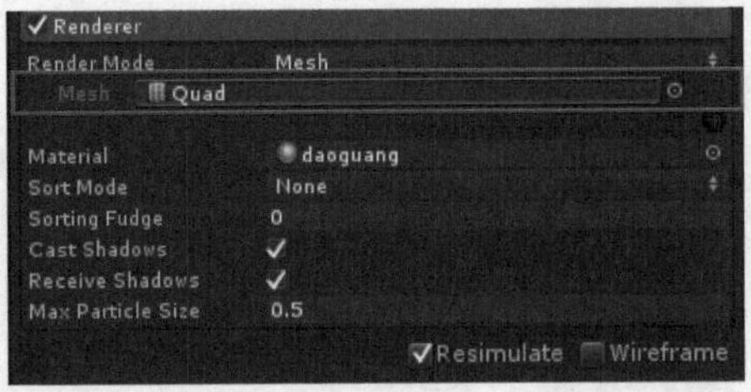

图8-52

图8-53

步骤03 取消选择Shape（外形）属性组，如图8-54所示。然后在基础属性卷展栏中设置Start Speed（初始速度）为0，如图8-55所示。接着在Renderer（渲染）卷展栏中设置Max Particle Size（渲染粒子的大小）为1，如图8-56所示。

图8-54

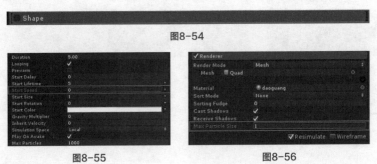

图8-55

图8-56

步骤04 在基础属性卷展栏中设置Start Size（初始大小）为10，使特效与整个人物的大小相匹配，如图8-57所示。然后在Rotation over Lifetime（旋转生命周期的变化）卷展栏中设置Angular Velocity（角速度）为1000，如图8-58所示。

图8-57

图8-58

步骤05 观察效果是否以正确的方式进行旋转，因为建立的是一个平面的效果，所以要将平面旋转为竖立。在Hierarchy（资源）视图中选择粒子系统，然后按E键调整方向，如图8-59所示。接着按W键，将整个粒子系统向上移动，和人物高度相匹配，如图8-60所示。最后逐帧播放人物的动作，根据动作微调刀光特效，如图8-61所示。慢工出细活，要想做出好的作品来，一定要细心和大胆地创新。

图8-59

图8-60

图8-61

步骤06 在基础属性卷展栏中设置Start Lifetime（初始生命）为0.15，如图8-62所示。然后取消选择Looping（循环）选项，如图8-63所示。接着设置Duration（持续时间）为0.1，如图8-64所示。

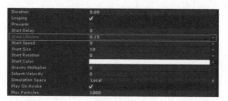
图8-62

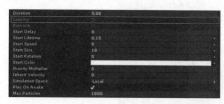
图8-63

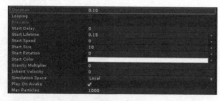
图8-64

步骤07 在Emission（发射）卷展栏中设置Rate（速率）为0、Bursts（爆开）的Particles（粒子）为2，如图8-65所示。然后在基础属性卷展栏中设置Start Delay（初始延迟）为0.35，如图8-66所示。接着设置Start Color（初始颜色），使粒子与整体特效的颜色协调，如图8-67所示。效果如图8-68所示。

图8-65

图8-66

图8-67

图8-68

2.第2层光效

步骤01 复制刚才制作的刀光特效，重命名为"xuanzhuan"，如图8-69所示。然后取消选择Emission（发射）、Rotation over Lifetime（旋转生命周期的变化）和Renderer（渲染）属性组，如图8-70所示。

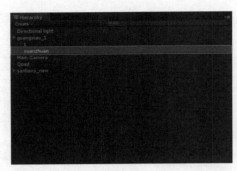

图8-69

图8-70

步骤02 在xuanzhuan下新建粒子，如图8-71所示。然后将粒子的坐标全部归零，如图8-72所示。

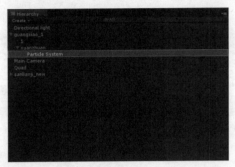

图8-71

图8-72

步骤03 取消选择Shape（外形）属性组，如图8-73所示。然后在基础属性卷展栏中设置Start Speed（初始速度）为0，如图8-74所示。接着设置Start Lifetime（初始生命）为0.6，以控制次刀光的形态，如图8-75所示。最后为粒子添加"qj_yan2.psd"图像文件，如图8-76所示。

图8-73

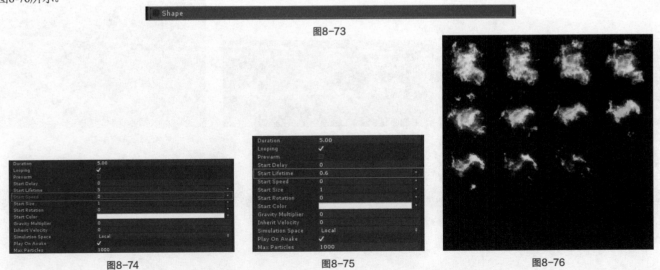

图8-74   图8-75   图8-76

步骤04 在Texture Sheet Animation（贴图的UV动画）卷展栏中设置Tiles的*X*、*Y*均为4，如图8-77所示。然后在基础属性卷展栏中设置Start Rotation（初始旋转）为（0，360），如图8-78所示。接着取消选择Looping（循环），如图8-79所示。

图8-77

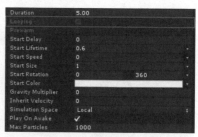

图8-78　　　　　　　　　　图8-79

步骤05 设置Start Delay（初始延迟）为0.45，使粒子发射的时间匹配第1击攻击动作，如图8-80所示。然后Simulation Space（模拟空间）为World（世界坐标），使粒子能自由地发射，如图8-81所示。

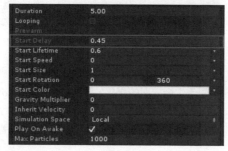

图8-80　　　　　　　　　　图8-81

步骤06 为xuanzhuan添加一个旋转动画的脚本。在Inspector（检测）面板底部单击Add Component（添加组件）按钮，然后在打开的菜单中选择New Script（新的脚本）命令，如图8-82所示。接着在Scripts（脚本）列表中选择Rotate This（旋转这个）选项，如图8-83所示。

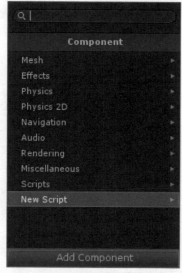

图8-82

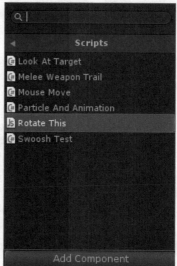

图8-83

步骤07 脚本将会旋转粒子，这时特效粒子便会产生空粒子，此时的空粒子xuanzhuan既是轴心，空离子的距离即是旋转的半径，如图8-84所示。然后根据面片轴向调整旋转轴的大小，设置Rotation Speed X（旋转速度X）为0、Rotation Speed Z（旋转速度Z）为500，如图8-85所示。修改后的效果如图8-86所示。

图8-84

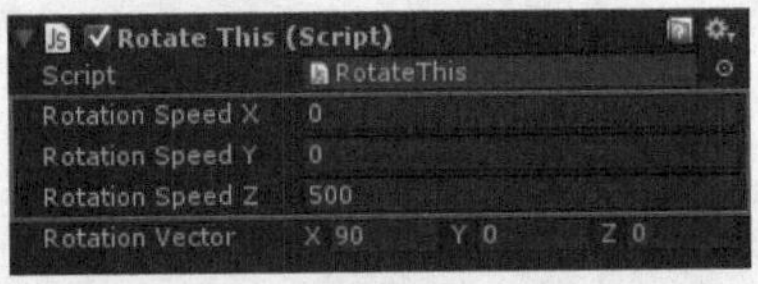

图8-85

图8-86

步骤08 在基础属性卷展栏中设置Duration（持续时间）为0.35，如图8-87所示。然后在Emission（发射）卷展栏中设置Rate（速率）为30，如图8-88所示。接着在Color over Lifetime（颜色生命周期的变化）卷展栏中设置Color（颜色）属性的色标，如图8-89所示。

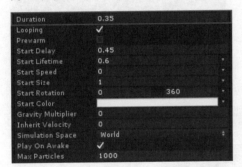
图8-87

图8-88

图8-89

步骤09 在基础属性卷展栏中设置Start Color（初始颜色）以符合整体效果，如图8-90所示。然后设置Start Size（初始大小）为2，如图8-91所示。效果如图8-92所示。

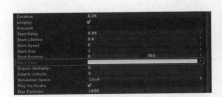
图8-90

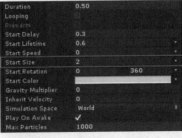
图8-91

图8-92

3.第3层光效

步骤01 复制第1个刀光效果，删除子级中的其他粒子，如图8-93所示。然后为粒子添加"daoguang_00020.dds"图像文件，如图8-94所示。

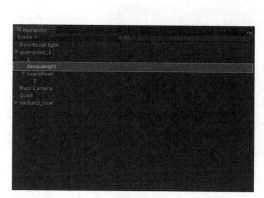

图8-93

图8-94

步骤02 在Emission（发射）卷展栏中设置Rate（速率）为0、Bursts（爆开）的Particles（粒子）为3，如图8-95所示。然后在基础属性卷展栏中设置Start Size（初始大小）为（7，10），如图8-96所示。在Renderer（渲染）卷展栏中设置Sorting Fudge（排序校正）为−100，使该粒子在整体效果中能更好地突显，如图8-97所示。

图8-95

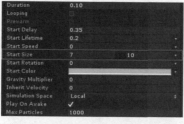

图8-96

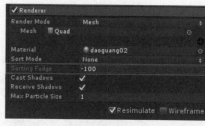

图8-97

步骤03 按Ctrl+D快捷键复制出一个相同的粒子，然后将粒子向左或右位移，以增加厚度感，如图8-98所示。至此第1击的光效已经制作完成，其整体效果如图8-99所示。然后再微调各不足之处的参数。

图8-98

图8-99

8.2.3 出拳第2击光效

步骤01 现在制作第2击的刀光，效果和第1击差不多，直接复制第1击的刀光，做反向的运动，并加以配合第2击动作的延迟，以形成第2击刀光，如图8-100所示。

图8-100

步骤02 复制第1个刀光特效集，重命名为"guangxiao_2"，如图8-101所示。然后移动特效集的位置，以符合第2击的动画位置，如图8-102所示。

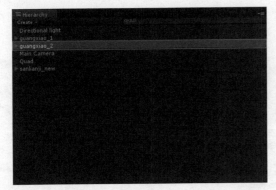

图8-101

图8-102

步骤03 选择第1层刀光，在Rotation over Lifetime（旋转生命周期的变化）卷展栏中设置Angular Velocity（角速度）为－1000，如图8-103所示。然后在基础属性卷展栏中设置Start Delay（初始延迟）为0.85，如图8-104所示。

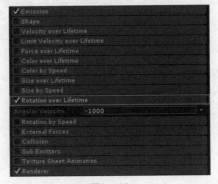

图8-103

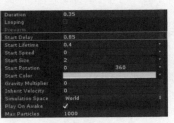

图8-104

步骤04 设置火焰光效里的脚本。将Rotation Speed Z（旋转速度Z）设置为－700，如图8-105所示。然后按E键调整旋转的角度，以配合角色动作，如图8-106所示。

图8-105   图8-106

步骤05 因为旋转脚本的刀光需独立存在，所以要拖曳到guagnxiao_2粒子集外，如图8-107所示。然后调整火焰刀光的旋转角度，以符合动作，如图8-108所示。

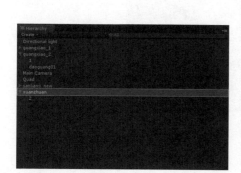

图8-107   图8-108

步骤06 在Color over Lifetime（颜色生命周期的变化）卷展栏中设置Color（颜色）属性的色标，使其颜色更丰富，如图8-109所示。效果如图8-110所示。

图8-109   图8-110

步骤07 复制火焰光效，设置Start Color（初始颜色），重叠的两种颜色会让效果更丰富，如图8-111所示。然后设置Start Size（初始大小）为1.5，使效果显得更厚实，如图8-112所示。

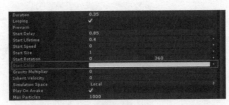

图8-111

图8-112

步骤08 通过复制第1击特效并修改的方法，便基本完成了第2击的特效制作，不过还需要根据实际动画情况微调延迟、位移及旋转，如图8-113所示。

图8-113

8.2.4 出拳第3击光效

步骤01 复制第1个特效集guangxiao_1，然后将复制的光效集重命名为"guangxiao_3"，如图8-114所示。接着将空间坐标移动到第3击大致合适的位置，如图8-115所示。最后设置Start Delay（初始延迟）为1.6，如图8-116所示。

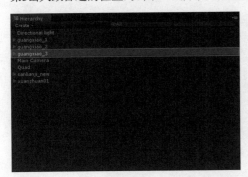

图8-114

图8-115

图8-116

步骤02 将旋转刀光的脚本拖曳到guagnxiao_3效果集外,如图8-117所示。然后根据手部动作趋势调整粒子角度,如图8-118所示。

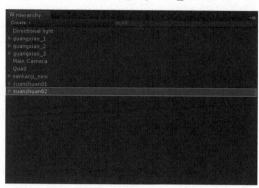

图8-117

图8-118

步骤03 修改叠层刀光第1层光效的Start Size(初始大小)为(10, 13),如图8-119所示。然后修改叠层刀光第2层光效的Start Size(初始大小)为(11, 14),使其效果更大一些、更有力度感,如图8-120所示。接着为第1层刀光粒子添加 "daoguang_00003.dds" 图像文件,如图8-121所示。

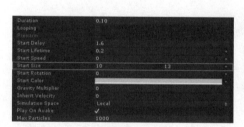

图8-119

图8-120

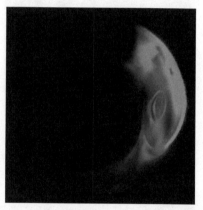

图8-121

步骤04 选择火焰刀光的粒子,在Emission(发射)卷展栏中设置Rate(速率)为150,增加其厚度,如图8-122所示。然后在Rotate This(Script)脚本卷展栏中设置Rotation Speed Z(旋转速度Z)为900,如图8-123所示。

图8-122

图8-123

步骤05 在Color over Lifetime(颜色生命周期的变化)卷展栏中设置Color(颜色)属性的色标,让其更具杀伤效果,如图8-124所示。然后在基础属性卷展栏中设置Start Size(初始大小)为6,如图8-125所示。

图8-124   图8-125

步骤06 在Size over Lifetime（大小生命周期的变化）卷展栏中设置Size（大小）属性的曲线，如图8-126所示。然后在Renderer（渲染）卷展栏中设置Max Particle Size（渲染粒子的大小）为1，让其显示更完整，如图8-127所示。第3击的特效基本制作完成，余下的就是优化调整，效果如图8-128所示。

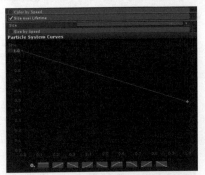

图8-126   图8-127   图8-128

8.2.5 光圈特效

步骤01 按快捷键Ctrl+Shift+N新建一个空集，命名为"zadi"，然后将其坐标全部归零，如图8-129所示。接着移动空间坐标到最后一击的地面位置，如图8-130所示。

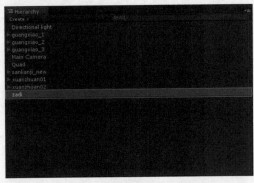

图8-129   图8-130

步骤02 制作一个闪电的特效。新建一个粒子系统，作为zadi的子级，然后命名为"shandian"，如图8-131所示。接着将shandian的坐标归零，如图8-132所示。

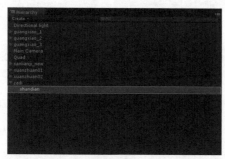

图8-131

图8-132

步骤03 在Shape（外形）卷展栏中设置Shape（外形）为Cone（圆锥形）、Angle（角度）为70、Radius（半径）为0.2，如图8-133所示。更改后的效果如图8-134所示。

图8-133

图8-134

步骤04 在Renderer（渲染）卷展栏中设置Render Mode（渲染模式）为Stretched Billboard（拉伸的渲染），如图8-135所示。然后为粒子添加"sd_xjl010.dds"图像文件，如图8-136所示。接着在Emission（发射）卷展栏中设置Rate（速率）为0、Bursts（爆开）的Particles（粒子）为25，如图8-137所示。

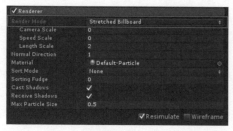

图8-135

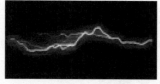

图8-136

图8-137

步骤05 在Renderer（渲染）卷展栏中设置Length Scale（拉伸长度）为—2，如图8-138所示。然后在基础属性卷展栏中设置Start Size（初始大小）为（1，2），使粒子的大小变化更丰富，如图8-139所示。接着设置Start Lifetime（初始生命）为（0.6，0.3），如图8-140所示。

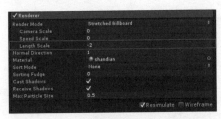
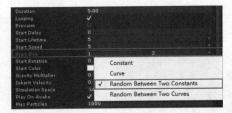
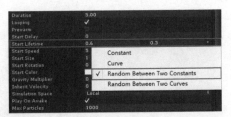

图8-138　　　　　　　　图8-139　　　　　　　　图8-140

步骤06 设置Start Speed（初始速度）为0.6，如图8-141所示。然后取消选择Looping（循环）选项，如图8-142所示。接着在Color over Lifetime（颜色生命周期的变化）卷展栏中设置Color（颜色）属性的色标，使粒子有一个闪烁的效果，如图8-143所示。效果如图8-144所示。

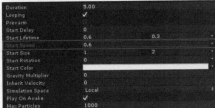
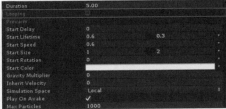

图8-141　　　　　　　　　　　图8-142

图8-143　　　　　　　　　　　图8-144

步骤07 新建粒子系统，命名为"guangquan"，然后作为zadi的子级，如图8-145所示。接着将guangquan的坐标归零，如图8-146所示。

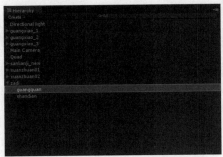

图8-145　　　　　　　　　图8-146

168

步骤08 在Renderer（渲染）卷展栏下设置Render Mode（渲染模式）为Horizontal Billboard（平行的渲染），如图8-147所示。然后取消选择Shape（外形）属性组，如图8-148所示。接着在基础属性卷展栏中设置Start Speed（初始速度）为0，如图8-149所示。

步骤09 因为粒子效果会比较大，所以在Renderer（渲染）卷展栏中设置Max Particle Size（渲染粒子的大小）为3，如图8-150所示。然后在基础属性卷展栏中设置Start Size（初始大小）为12.76，如图8-151所示。接着设置Start Lifetime（初始生命）为0.7，如图8-152所示。最后为粒子添加"blast_nova_09.dds"图像文件，如图8-153所示。

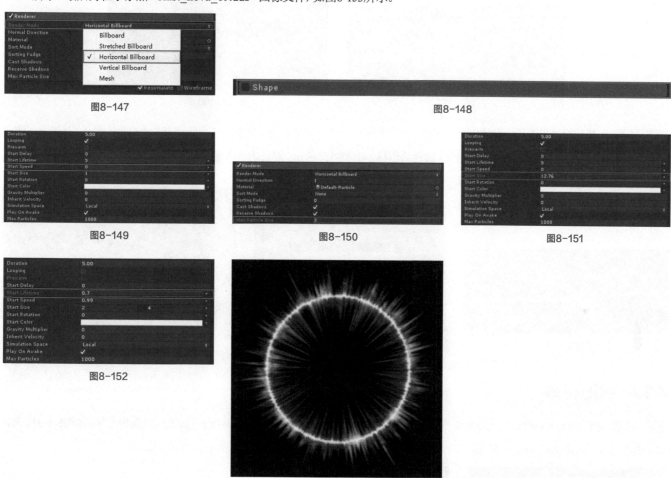

图8-147

图8-148

图8-149

图8-150

图8-151

图8-152

图8-153

步骤10 在Emission（发射）卷展栏中设置Rate（速率）为0，Bursts（爆开）的Particles（粒子）为2，如图8-154所示。然后在基础属性卷展栏中设置Start Rotation（初始旋转）为（0，360），如图8-155所示。接着在Size over Lifetime（大小生命周期的变化）卷展栏中设置Size（大小）属性的曲线，如图8-156所示。

图8-154

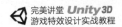
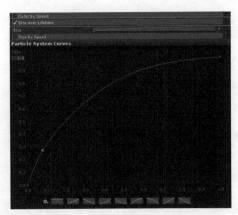

图8-156

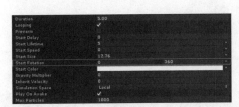

图8-155

步骤11 在基础属性卷展栏中设置Start Color（初始颜色），以符合整体效果，如图8-157所示。然后在Color over Lifetime（颜色生命周期的变化）卷展栏中设置Color（颜色）属性的色标，如图8-158所示。爆开的光环效果比较简单，至此基本制作完成，可根据自己的实际要求进行微调，如图8-159所示。

图8-157

图8-158

图8-159

8.2.6 砸地特效

步骤01 复制guangquan粒子，重命名为"guangbao"，如图8-160所示。然后为其添加"qj_yan2.psd"图像文件，如图8-161所示。接着在Texture Sheet Animation（贴图的UV动画）卷展栏中将Tiles的X和Y均设置为4，如图8-162所示。

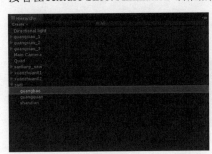

图8-160

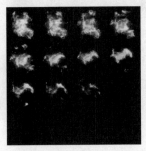

图8-161

图8-162

步骤02 在基础属性卷展栏中设置Start Lifetime（初始生命）为0.9，如图8-163所示。然后调整Start Color（初始颜色），以符合整体效果，如图8-164所示。接着设置Start Size（初始大小）为25，如图8-165所示。

图8-163

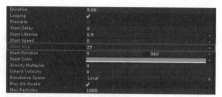
图8-164

图8-165

步骤03 在Size over Lifetime（大小生命周期的变化）卷展栏中设置Size（大小）属性的曲线，如图8-166所示。添加爆开的特效后，效果如图8-167所示。

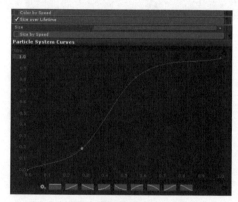

图8-166

图8-167

步骤04 继续丰富效果。复制guangquan粒子，然后重命名为"guangquan02"，如图8-168所示。接着为粒子添加"QJ_FX_Burst_Ring_1.png"图像文件，如图8-169所示。

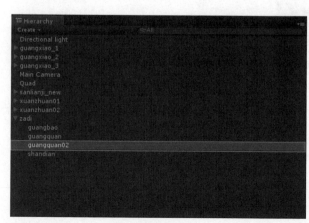
图8-168

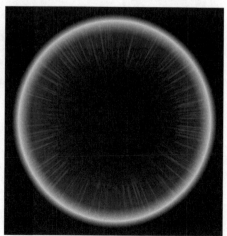
图8-169

▪步骤05▪ 在Color over Lifetime（颜色生命周期的变化）卷展栏中设置Color（颜色）属性的色标，如图8-170所示。然后在基础属性卷展栏中设置Start Size（初始大小）为25，如图8-171所示。接着在Size over Lifetime（大小生命周期的变化）卷展栏中设置Size（大小）属性的曲线，使其爆开变快、消散变慢，如图8-172所示。增加guangquan02粒子后的效果如图8-173所示。

图8-170

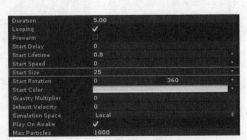

图8-171

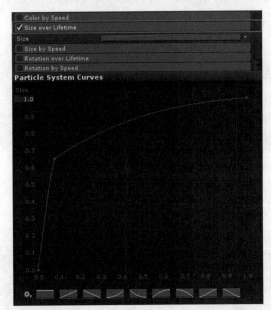

图8-172

图8-173

▪步骤06▪ 继续丰富效果。新建粒子系统，将其命名为"lizi"，如图8-174所示。然后将其坐标归零，如图8-175所示。接着为粒子添加"tw_003xjl.dds"图像文件，如图8-176所示。

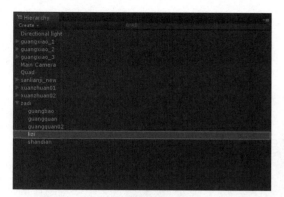

图8-174

图8-175

图8-176

步骤07 在Emission（发射）卷展栏中设置Rate（速率）为0、Bursts（爆开）的Particles（粒子）为30，如图8-177所示。然后在基础属性卷展栏中取消选择Loop（循环）选项，如图8-178所示。接着设置Start Speed（初始速度）为（12, 15），让形态更丰富，如图8-179所示。

图8-177

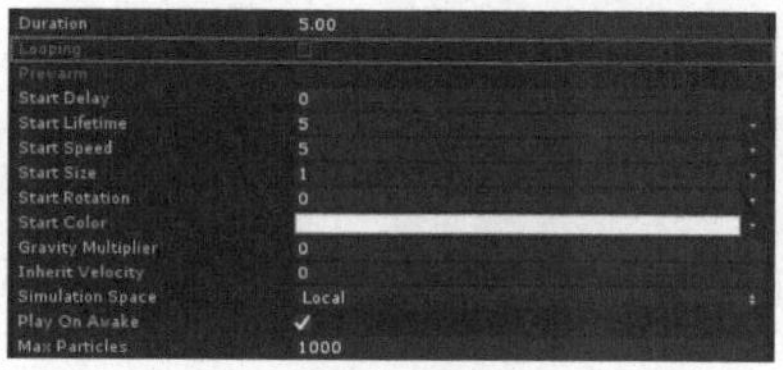

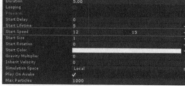

图8-178

图8-179

步骤08 设置Start Lifetime（初始生命）为（0.2, 0.5），如图8-180所示。然后设置Start Rotation（初始旋转）为（0, 360），让碎星形态更多变，如图8-181所示。接着设置Start Size（初始大小）为（1, 2），增加碎星的大小变化，如图8-182所示。

图8-180

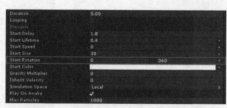

图8-181

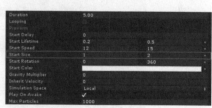

图8-182

步骤09 在Color over Lifetime（颜色生命周期的变化）卷展栏中设置Color（颜色）属性的色标，让碎星的出生和消失过渡更自然，如图8-183所示。在基础属性卷展栏中调节Start Color（初始颜色），让其颜色更符合效果，如图8-184所示。

图8-183

图8-184

步骤10 在Size over Lifetime（大小生命周期的变化）卷展栏中设置Size（大小）属性的曲线，如图8-185所示。整个小碎星的效果已经制作完成，如图8-186所示。

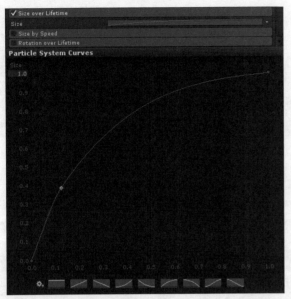

图8-185

图8-186

步骤11 复制guangquan，将其重命名为"dilie"，如图8-187所示。然后为粒子添加"Mask_360.tga"图像文件，如图8-188所示。

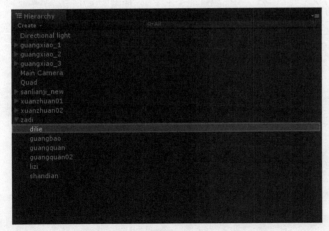

图8-187

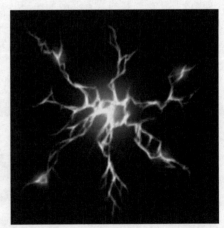

图8-188

步骤12 在Size over Lifetime（大小生命周期的变化）卷展栏中设置Size（大小）属性的曲线，使粒子动画节奏生硬一些，消散时间更长一些，如图8-189所示。然后在Emission（发射）卷展栏中设置Rate（速率）为0、Bursts（爆开）的Particles（粒子）为1，如图8-190所示。

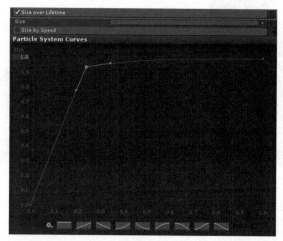

图8-189

图8-190

步骤13 在基础属性卷展栏中设置Start Color（初始颜色），以符合整体效果，如图8-191所示。然后设置Start Lifetime（初始生命）为1.2，如图8-192所示。接着在Color over Lifetime（颜色生命周期的变化）卷展栏中设置Color（颜色）属性的色标，如图8-193所示。调整后的整体效果如图8-194所示。

图8-191

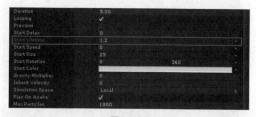

图8-192

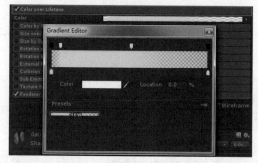

图8-193

图8-194

步骤14 复制guangquan，将其重命名为"guangquan03"，如图8-195所示。然后为粒子添加"DeathWave.DDS"图像文件，如图8-196所示。接着在基础属性卷展栏中设置Start Size（初始大小）为41，让其比其他粒子更大一些，做一个余波的效果，如图8-197所示。

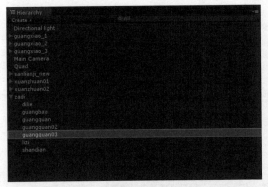

图8-195

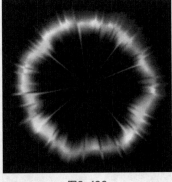

图8-196

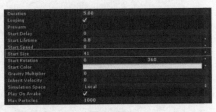

图8-197

步骤15 在Size over Lifetime（大小生命周期的变化）卷展栏中设置Size（大小）属性的曲线，如图8-198所示。在Emission（发射）卷展栏中设置Rate（速率）为0、Bursts（爆开）的Particles（粒子）为5，如图8-199所示。

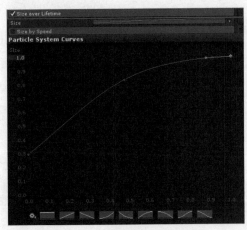

图8-198

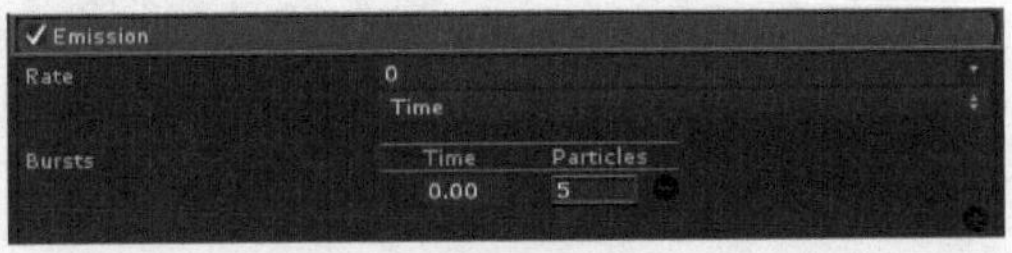

图8-199

步骤16 在基础属性卷展栏中设置Start Color（初始颜色），如图8-200所示。然后设置Start Lifetime（初始生命）为1.1，如图8-201所示。接着取消选择Looping（循环）选项，如图8-202所示。

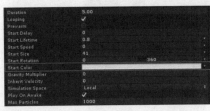

图8-200

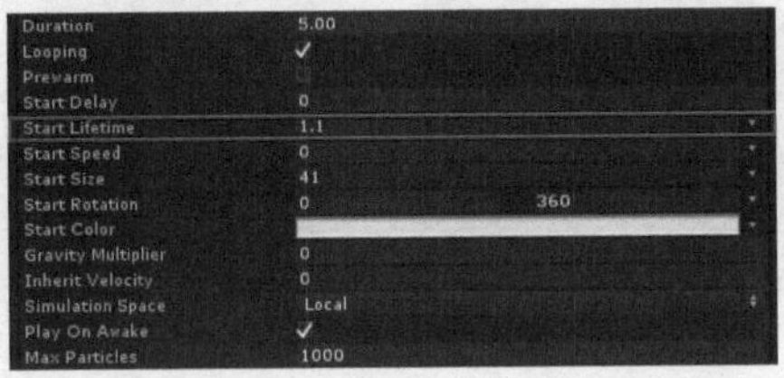

图8-201

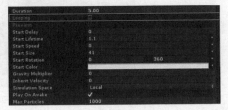

图8-202

步骤17 砸地的最终效果基本就出来了，如图8-203所示。然后再根据自己的需要，优化砸地的细节。接下来还有一个最重要但很简单的步骤，即依次调整延迟，方法和前几个击打特效的延迟做法一样，在此不再赘述。

图8-203

上述特效的制作重要的在于方法，贴图及数值仅供参考。在掌握方法之后，希望大家能通过自己所学的内容再加上自己的创意，制作出更丰富多变的效果。

8.3 但丁暴怒动作特效案例讲解

案例位置	Examples>CH08>DanDing.unitypackage
素材位置	Footage>CH08
难易指数	★★★☆☆

本节的特效会运用到游戏论坛里找的刀光插件，运用插件给人物武器制作一个拖尾的刀光效果。也会在人物模型的手部做一些粒子效果。技能会随着时间的变化和堆叠的层数来进行链接，让特效越叠越多，出来的效果也由淡变强。刀光打击出来后地面对应地出现血迹，让它们融合在一起，最后喷涌出大量血柱效果，如图8-204所示。

图8-204

8.3.1 人物模型特效

首先，找到人物绑定中武器的位置，通常情况会以模型发射粒子。然后制作武器上所产生的效果，为效果堆积一些粒子，使其随着人物动作，打击越来越强烈。

1.武器特效

步骤01 按快捷键Ctrl+Shift+N新建一个空集，然后将其拖曳到人物模型里Point01（点01）刀的位置，接着把空集的位置旋转全部归零，再将其移动到刀尖上，最后重命名为"Dian"，如图8-205所示。

步骤02 在Inspector（检测）面板中把MeleeWeaponTrail（武器的脚本）拖曳到人物模型里的武器Point01（点01）上，如图8-206所示。

图8-205

图8-206

步骤03 这时就会发现武器手柄上有一个点，刀尖上也有一个点，如图8-207所示。这样就可以让它在两个点上挥出一个刀光的效果。

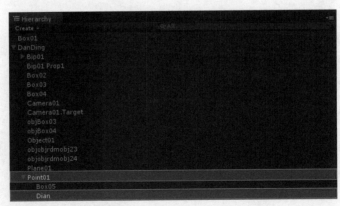

图8-207

步骤04 选择Point01，在Inspector（检测）面板中将Point01指定给Base（底部）属性，如图8-208所示。然后将Dian指定给Tip（顶端）属性，如图8-209所示。

图8-208

图8-209

步骤05 在人物整个模型上指定一个脚本。把SwooshTest（脚本）拖曳给Hierarchy（资源）视图中的人物模型，然后选择人物模型就可以在Inspector（检测）面板中看到这个脚本的参数，如图8-210所示。

步骤06 在Project（工程目录）视图中将Take 001拖曳给Swoosh Test（脚本）卷展栏中的Animation（动画）属性，为Animation（动画）属性指定动画，如图8-211所示。然后将Point01指定给Trail（尾部）属性，如图8-212所示。

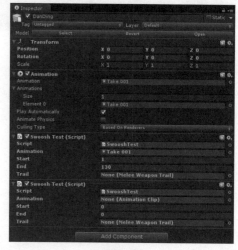

图8-210

图8-211

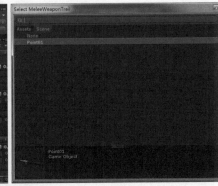

图8-212

步骤07 设置Start（初始）为1、End（结束）为130，如图8-213所示。这样就把脚本指定好了，播放动画就可以看到在人物的刀上出现粉色的效果，如图8-214所示。

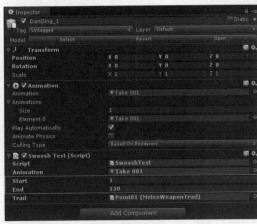

图8-213

图8-214

步骤08 为Point01的脚本指定一个材质球，然后添加"Swoosh01.png"图像文件，如图8-215所示。然后在Colors（颜色）卷展栏设置Element 0（元素0）的颜色，如图8-216所示。接着设置Life Time（生命时间）为0.1，最后调节整体Sizes（大小），如图8-217所示。

图8-215

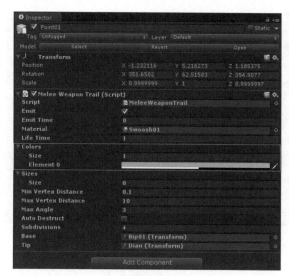

图8-216　　　　　　　　　　　　　图8-217

■步骤09■ 下面来制作武器上的特效。新建一个粒子系统，然后拖曳到武器模型的Point01下，接着将其坐标全部归零，如图8-218所示。最后在基础属性卷展栏中设置Start Speed（初始速度）为0，如图8-219所示。

图8-218

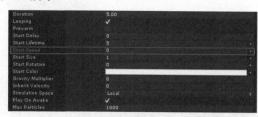

图8-219

■步骤10■ Renderer（渲染）卷展栏中设置Render Mode（渲染模式）为Mesh（模型的渲染），如图8-220所示。然后指定模型Box05，如图8-221所示。此时可以看到人物粒子发射器上有个武器，如图8-222所示。接着调整指定模型的位置，使其与手部的武器相吻合，如图8-223所示。

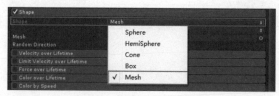

图8-220

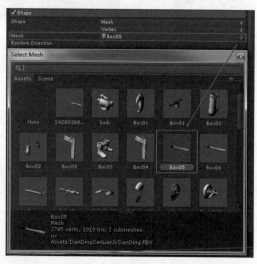

图8-221

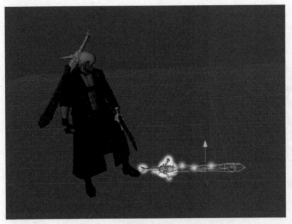

图8-222

图8-223

步骤11 在Shape（外形）卷展栏中设置发射方式为Triangle（三角），如图8-224所示。调整后的效果如图8-225所示。然后为粒子指定一个材质球，为其添加"**HY_mjda.dds**"图像文件，如图8-226所示。

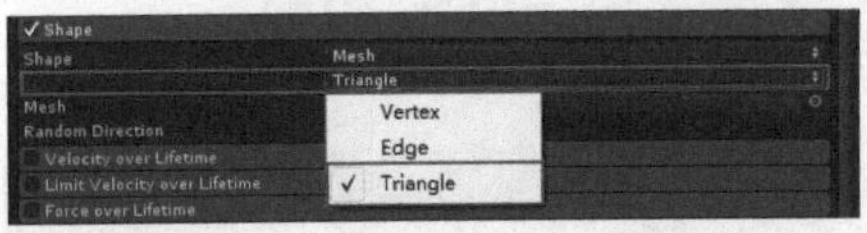

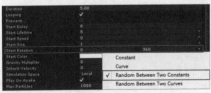

图8-224

图8-225

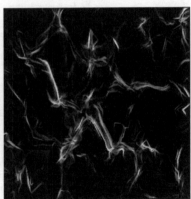

图8-226

步骤12 在基础属性卷展栏中设置Start Rotation（初始旋转）为（0，360），如图8-227所示。然后设置Start Size（初始大小）为（0.8，1.5），如图8-228所示。接着设置Start Color（初始颜色），如图8-229所示。

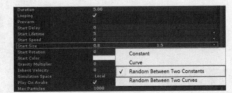

图8-227

图8-228

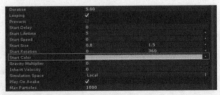

图8-229

步骤13 在Color over Lifetime（颜色生命周期的变化）卷展栏中设置Color（颜色）属性的色标，制作一个淡入淡出的效果，如图8-230所示。然后在Size over Lifetime（大小生命周期的变化）卷展栏中设置Size（大小）属性的曲线，如图8-231所示。

图8-230

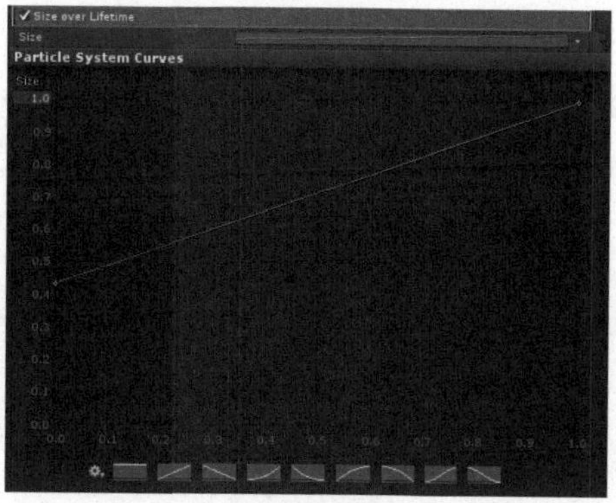

图8-231

步骤14 在基础属性卷展栏中设置Start Lifetime（初始生命）为（0.5，0.9），如图8-232所示。然后在Emission（发射）卷展栏中设置Rate（速率）为200，如图8-233所示。接着在基础属性卷展栏中设置Start Delay（初始延迟）为0.5，如图8-234所示。

图8-232

图8-233

图8-234

步骤15 取消选择Looping（循环）选项，如图8-235所示。然后设置Duraing（持续时间）为3，如图8-236所示。这样刀光上的整体效果就已经完成了，如图8-237所示。

图8-235

图8-236

图8-237

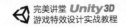
2.手部特效

步骤01 现在来制作人物手部的一些效果。找到左手部位"DanDing>Bip01>Bip01 Pelvis>Bip01 Spine> Bip01 Spine1 >Bip01 Spine2>Bip01 Neck>Bip01 L Clavicle>Bip01 L UpperArm>Bip01 L Forearm>Bip01 L Hand",如图8-238所示。右手部位 "DanDing>Bip01>Bip01 Pelvis>Bip01 Spine> Bip01 Spine1 >Bip01 Spine2>Bip01 Neck>Bip01 R Clavicle>Bip01 R UpperArm>Bip01R Forearm>Bip01 R Hand",如图8-239所示。

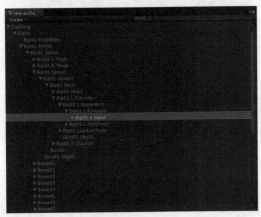
图8-238

图8-239

步骤02 先做左手部位的特效。按快捷键Ctrl+Shift+N新建一个空集,命名为"shoubu_L",然后把它拖曳到人物模型左手的位置上,将其坐标旋转位置全部归零,接着新建一个粒子系统,作为shoubu_L的子级,再命名为"shoubu_L_01",最后将其坐标旋转位置全部归零,如图8-240和图8-241所示。

图8-240

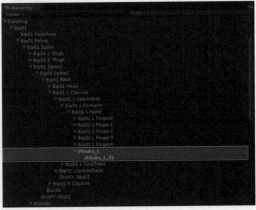
图8-241

步骤03 在Shape（外形）卷展栏中设置Shape（外形）为Sphere（球形），如图8-242所示。然后设置Radius（半径）为0.2，如图8-243所示。接着为粒子添加"HY_mjda.dds"图像文件，如图8-244所示。

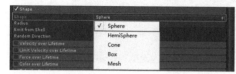
图8-242

图8-243

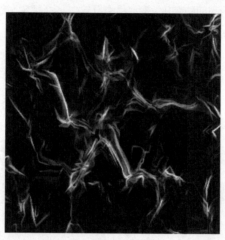
图8-244

步骤04 在Emission（发射）卷展栏中设置Rate（速率）为30，如图8-245所示。然后在基础属性卷展栏中设置Start Rotation（初始旋转）为（0，360），如图8-246所示。接着设置Start Lifetime（初始生命）为（0.5，0.9），如图8-247所示。

图8-245

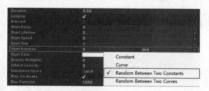
图8-246

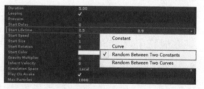
图8-247

步骤05 设置Start Size（初始大小）为（0.8，1.5），如图8-248所示。然后设置Start Color（初始颜色），如图8-249所示。接着设置Duration（持续时间）为3，如图8-250所示。最后取消选择Looping（循环）选项，如图8-251所示。

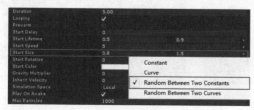
图8-248

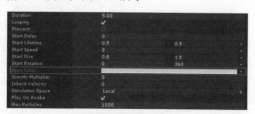
图8-249

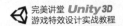

图8-250

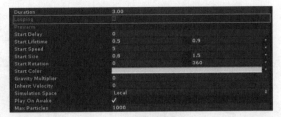

图8-251

·步骤06· 在Color over Lifetime（颜色生命周期的变化）卷展栏中设置Color（颜色）属性的色标，如图8-252所示。然后在Size over Lifetime（大小生命周期的变化）卷展栏中设置Size（大小）属性的曲线，如图8-253所示。

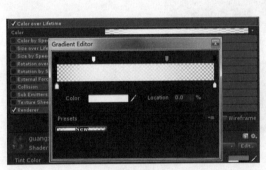

图8-252

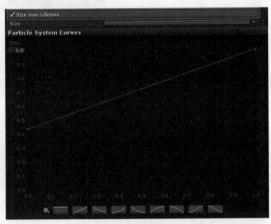

图8-253

·步骤07· 下面制作在World（世界坐标）上发射出来粒子的效果。按快捷键Ctrl+D复制shoubu_L_01，然后重命名为"shoubu_L_02"，接着在基础属性卷展栏中设置Smiulation Spae（模拟空间）为World（世界坐标），如图8-254所示。再在Emission（发射）卷展栏中设置Rate（速率）为50，如图8-255所示。最后在基础属性卷展栏中设置Start Lifetime（初始生命）为（0.2，0.3），如图8-256所示。

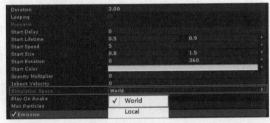

图8-254

图8-255

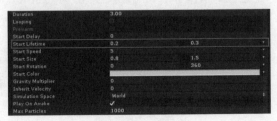

图8-256

步骤08 至此左手部分的效果制作完成，把左手整体的效果复制一份拖给右手部位，然后把它的坐标归零，重命名为"shoubu_R"，如图8-257所示。这样人物模型上的效果即制作完成，如图8-258所示。

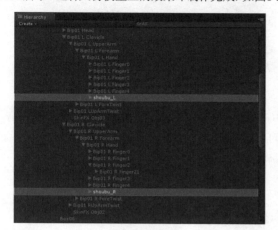

图8-257　　　　　　　　　　　图8-258

8.3.2 刀光

步骤01 按快捷键Ctrl+Shift+N新建一个空集作为父级，然后命名为"DaoGuang"，并将其坐标全部归零，接着拖动到合适的点，如图8-259所示。

图8-259

步骤02 新建一个粒子系统作为DaoGuang的子级，然后命名为"01"，接着将其坐标全部归零，如图8-260所示。再取消选择Shape（外形）属性组，如图8-261所示。最后设置Start Speed（初始速度）为0，如图8-262所示。

图8-260

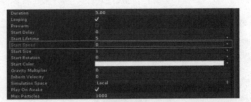

图8-261 图8-262

▪步骤03▪ 在Renderer（渲染）卷展栏中设置Render Mode（渲染模式）为Mesh（模型的渲染），如图8-263所示。然后指定一个类似刀光的模型（可在3ds Max中创建），如图8-264所示。接着将模型旋转到合适的角度，如图8-265所示。

图8-263

图8-264

图8-265

▪步骤04▪ 在基础属性卷展栏中设置Start Size（初始大小）为5，如图8-266所示。然后设置Start Lifetime（初始生命）为0.1，如图8-267所示。接着设置Start Color（初始颜色），如图8-268所示。最后指定一个材质，为其添加"dg_xjl002.dds"图像文件，如图8-269所示。

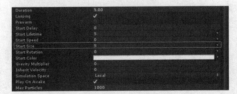

图8-266

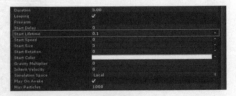

图8-267

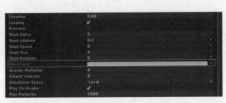

图8-268

图8-269

▪步骤05▪ 在Emission（发射）卷展栏中设置Rate（速率）为0、Bursts（爆开）的Particles（粒子）为1，如图8-270所示。然后在基础属性卷展栏中设置Start Rotation（初始旋转）为－90，如图8-271所示。接着在Rotation over Lifetime（旋转生命周期的变化）卷展栏中设置Angular Velocity（角速度）为900，如图8-272所示。

图8-270

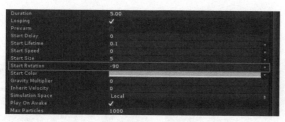

图8-271

图8-272

▪步骤06▪ 在基础属性卷展栏中取消选择Looping（循环）选项，如图8-273所示。然后设置Start Delay（初始延迟）为0.3，如图8-274所示。接着在Renderer（渲染）卷展栏中设置Max Particle Size（渲染粒子的大小）为1，如图8-275所示。最后调整效果的位置，使其与动作位置相匹配，场景效果如图8-276所示。

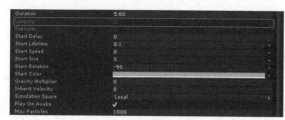

图8-273

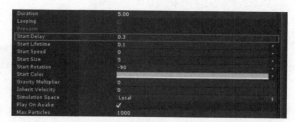

图8-274

图8-275

图8-276

▪ **步骤07** ▪ 按快捷键Ctrl+D复制上面制作的刀光01，然后重命名为"02"，接着重新指定一个材质球，添加"eclipse.dds"图像文件，如图8-277所示。

▪ **步骤08** ▪ 在基础属性卷展栏中设置Start Lifetime（初始生命）为0.15，如图8-278所示。然后设置Start Size（初始大小）为6.5，如图8-279所示。接着设置Start Color（初始颜色），如图8-280所示。最后在Rotation over Lifetime（旋转生命周期的变化）卷展栏中设置Angular Velocity（角速度）为700，如图8-281所示。

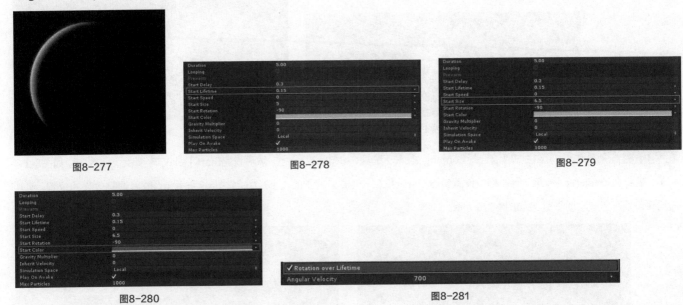

图8-277　　　　　　图8-278　　　　　　图8-279

图8-280　　　　　　图8-281

▪ **步骤09** ▪ 复制一份刀光02，将其重命名为"03"，然后指定一个材质，添加"dg_xjl002.dds"图像文件，如图8-282所示。接着在基础属性卷展栏中设置Start Lifetime（初始生命）为0.1，如图8-283所示。

▪ **步骤10** ▪ 设置Start Size（初始大小）为6，如图8-284所示。因为制作的是一个带黑底的刀光，所以Start Color（初始颜色）默认为贴图颜色，如图8-285所示。然后在Rotation over Lifetime（旋转生命周期的变化）卷展栏中设置Angular Velocity（角速度）为900，使该效果和上面制作的刀光产生一些变化，如图8-286所示。

图8-282　　　　　　图8-283　　　　　　图8-284

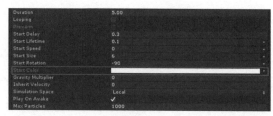

图8-285

图8-286

步骤11 按快捷键Ctrl+D复制刀光03，重命名为"04"，然后指定一个材质，添加"Effects_Textures_805-1.png"图像文件，如图8-287所示。接着在基础属性卷展栏中设置Start Lifetime（初始生命）为0.15，如图8-288所示。最后设置Start Color（初始颜色），如图8-289所示。

图8-287

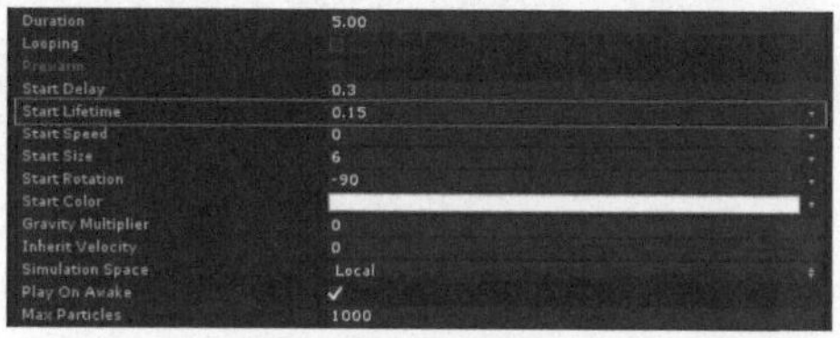

图8-288

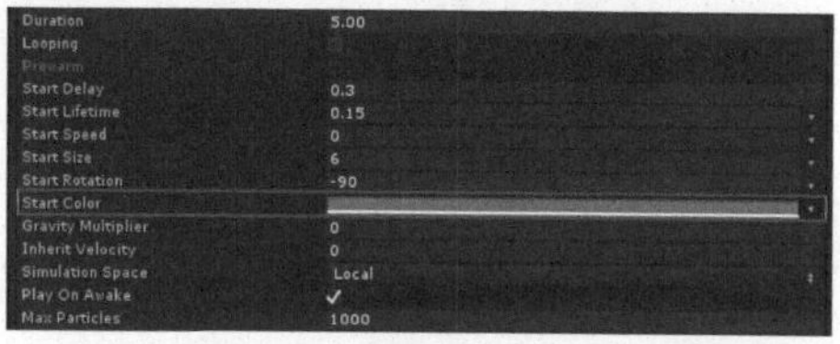

图8-289

步骤12 在Rotation over Lifetime（旋转生命周期的变化）卷展栏中设置Angular Velocity（角速度）为700，如图8-290所示。在Color over Lifetime（颜色生命周期的变化）卷展栏中设置Color（颜色）属性的色标，如图8-291所示。这样刀光部分即制作完成，效果如图8-292所示。

图8-290

图8-291

图8-292

8.3.3 砸地

1.第1次砸地

步骤01 按快捷键Ctrl+Shift+N新建一个空集作为父级，命名为"zadi_01"，然后将其位置全部归零，接着拖曳到需要这个特效发出的位置上，如图8-293所示。再新建一个粒子系统，命名为"01"，并将其作为zadi_01的子级，最后将位置全部归零，如图8-294所示。

图8-293

图8-294

步骤02 在Renderer（渲染）卷展栏中设置Render Mode（渲染模式）为Stretched Billboard（拉伸的渲染），如图8-295所示。然后旋转粒子的方向，如图8-296所示。接着为粒子添加"daoguang.dds"图像文件，如图8-297所示。

图8-295

图8-296

图8-297

步骤03 在基础属性卷展栏中设置Start Lifetime（初始生命）为0.2，如图8-298所示。然后设置Start Speed（初始速度）为（10，80），如图8-299所示。接着在Renderer（渲染）卷展栏中设置Speed Scale（拉伸速度）为0.1、Length Scale（拉伸长度）为0.3，如图8-300所示。最后在基础属性卷展栏中设置Start Size（初始化大小）为0.6，如图8-301所示。

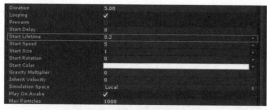

图8-298

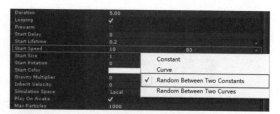

图8-299

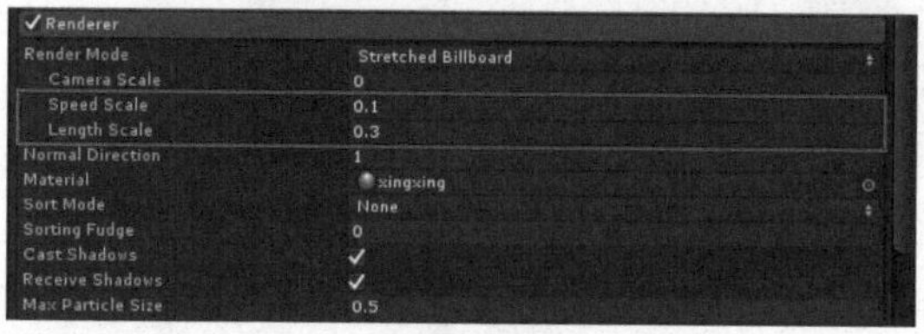

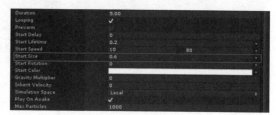

图8-300

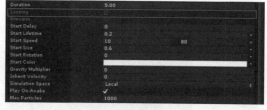

图8-301

步骤04 在Emission（发射）卷展栏中设置Rate（速率）为20、Bursts（爆开）的Particles（粒子）为20，如图8-302所示。然后在基础属性卷展栏中取消选择Looping（循环）选项，如图8-303所示。

图8-302

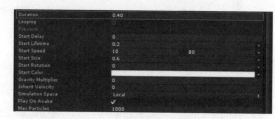

图8-303

步骤05 设置Duration（持续时间）为0.4，如图8-304所示。然后设置Gravity Multiplier（调节重力）为1，如图8-305所示。Start Delay（初始延迟）为0.4，如图8-306所示。

图8-304

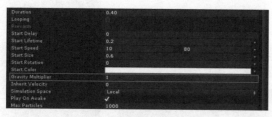

图8-305

图8-306

▪步骤06▪ 按快捷键Ctrl+D复制粒子01，然后添加"hx_xjl001.tga"图像文件，如图8-307所示。接着在基础属性卷展栏中设置Start Size（初始大小）为0.25，如图8-308所示。

图8-307

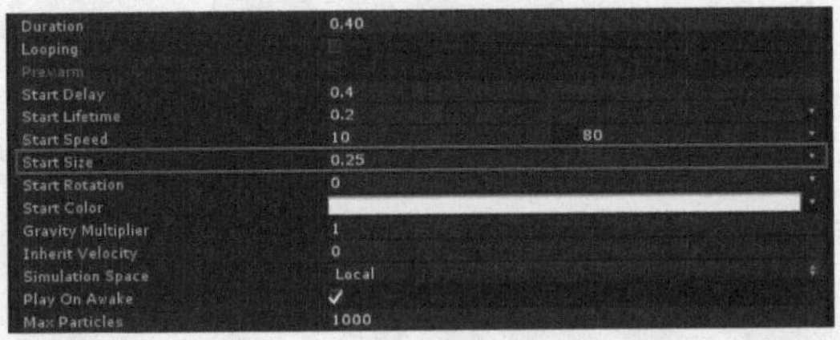

图8-308

▪步骤07▪ 在Renderer（渲染）卷展栏中设置Speed Scale（拉伸速度）为0.05、Length Scale（拉伸长度）为0.2，如图8-309所示。然后在基础属性卷展栏中设置Gravity Multiplier（调节重力）为0，如图8-310所示。接着设置Start Speed（初始速度）为（10，60），如图8-311所示。

图8-309

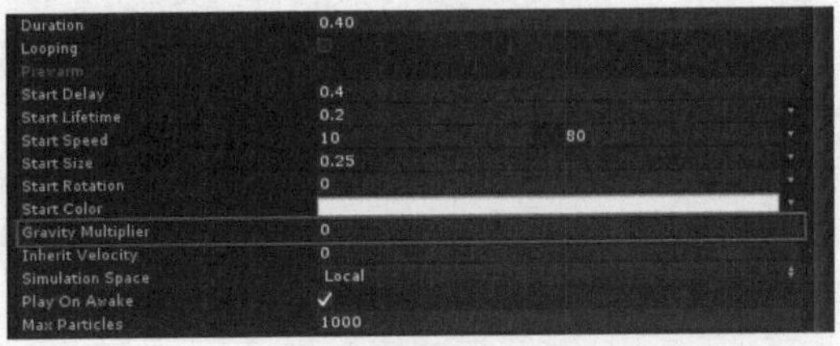

图8-310

图8-311

▪步骤08▪ 按快捷键Ctrl+D把上面制作的效果复制一份，用来制作刀在地面上划出的光线，将其旋转角度归零，如图8-312所示。然后添加"earthquake2.dds"图像文件，如图8-313所示。接着在Shape（外形）卷展栏中设置Shape（外形）为Cone（圆锥形）、Angle（角度）为0、Radius（半径）为0.01，如图8-314所示。最后调整粒子的方向，如图8-315所示。

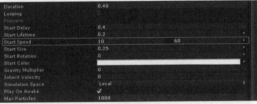

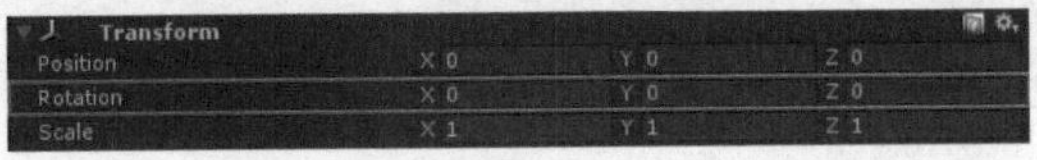

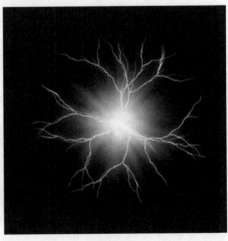

图8-312

图8-313

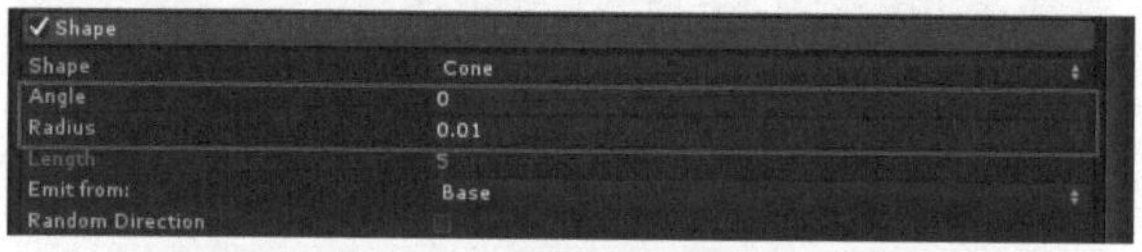

图8-314

图8-315

步骤09 在基础属性卷展栏中设置Start Size（初始大小）为0.2，如图8-316所示。然后在Emission（发射）卷展栏中设置Rate（速率）为40、Bursts（爆开）的Particles（粒子）为20，如图8-317所示。接着在Renderer（渲染）卷展栏中设置Speed Scale（拉伸速度）为0.1、Length Scale（拉伸长度）为1，如图8-318所示。

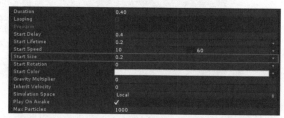

图8-316

图8-317

图8-318

步骤10 新建粒子系统，将其坐标归零，然后添加 "huo_xjl010.dds" 图像文件，如图8-319所示。接着在Renderer（渲染）卷展栏中设置Render Mode（渲染模式）为Horizontal Billboard（平行的渲染），如图8-320所示。最后设置Max Particle Size（渲染粒子的大小）为3，如图8-321所示。

图8-319

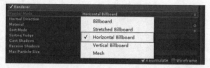

图8-320

图8-321

步骤11 在Shape（外形）卷展栏中设置Shape（外形）为Box（盒子），如图8-322所示。然后设置Box X（盒子X）为9、Box Y（盒子Y）为8，如图8-323所示。接着在基础属性卷展栏中设置Start Speed（初始速度）为0，如图8-324所示。最后设置Start Size（初始大小）为12，如图8-325所示。

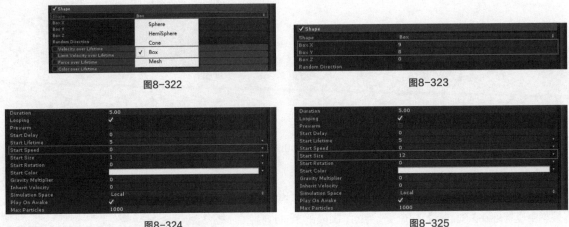

图8-322

图8-323

图8-324

图8-325

步骤12 在Size over Lifetime（大小生命周期的变化）卷展栏中设置Size（大小）属性的曲线，如图8-326所示。然后设置Start Rotation（初始旋转）为（0，360），如图8-327所示。接着在Emission（发射）卷展栏中设置Rate（速率）为0、Bursts（爆开）的Particles（粒子）为6，如图8-328所示。

图8-326

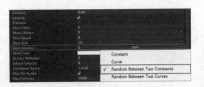

图8-327

图8-328

步骤13 在基础属性卷展栏中取消选择Looping（循环）选项，如图8-329所示。然后设置Start Delay（初始延迟）为0.42，如图8-330所示。接着设置Start Lifetime（初始生命）为（0.2，0.8），如图8-331所示。最后在Color over Lifetime（颜色生命周期的变化）卷展栏中设置Color（颜色）属性的色标，如图8-332所示。

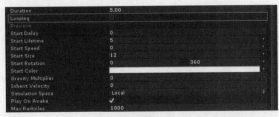

图8-329

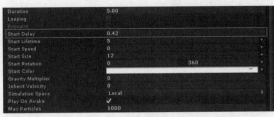

图8-330

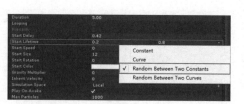

图8-331

图8-332

步骤14 按Ctrl+D快捷键复制上一个粒子，然后为其添加"cfire000.dds"图像文件，如图8-333所示。接着在基础属性卷展栏中设置Start Lifetime（初始生命）为（0.4，1），如图8-334所示。最后在Size over Lifetime（大小生命周期的变化）卷展栏中设置Size（大小）属性的曲线，如图8-335所示。

图8-333

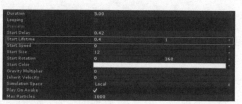

图8-334

图8-335

步骤15 在Emission（发射）卷展栏中设置Rate（速率）为0、Bursts（爆开）的Particles（粒子）为8，如图8-336所示。然后在Shape（外形）卷展栏中设置Shape（外形）为Box（盒子）、Box X（盒子X）为9、Box Y（盒子Y）为8，使其与前面一层有不同的发射范围，如图8-337所示。接着在Renderer（渲染）卷展栏中设置Sorting Fudge（排序校正）为200，让暗色的一层叠加在亮色一层的下面，如图8-338所示。

图8-336

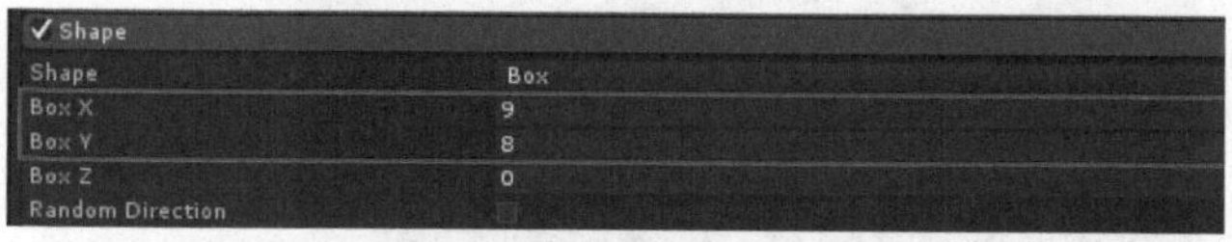

图8-337

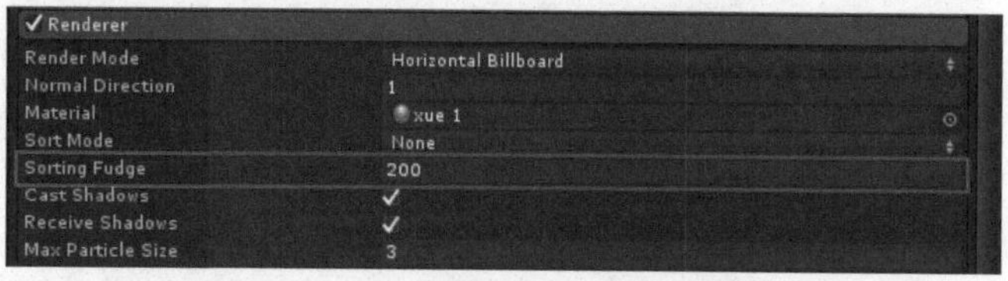

图8-338

步骤16 在基础属性卷展栏中设置Start Color（初始颜色），使其变暗一些，如图8-339所示。然后设置Start Size（初始大小），使粒子大小有不同的变化，如图8-340所示。接着调整特效的细节，最终效果如图8-341所示。

图8-339　　　　　　　　　　　　　　　图8-340

图8-341

2.第2次砸地

步骤01 新建一个空集，将坐标全部归零，然后将其拖曳到人物第2次砸地的位置，如图8-342所示。然后新建一个粒子系统，将其作为子级，，接着命名为"01"，再将坐标归零，最后添加"Mask_360.tga"图像文件用来制作一个爆开的效果，如图8-343所示。

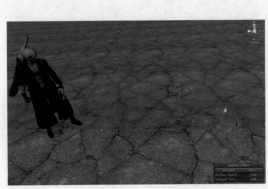

图8-342

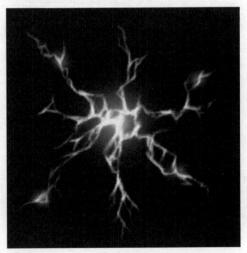

图8-343

步骤02 在Renderer（渲染）卷展栏中设置Render Mode（渲染模式）为Horizontal Billboard（平行的渲染），如图8-344所示。然后在基础属性卷展栏中设置Start Speed（初始速度）为0，如图8-345所示。接着取消选择Shape（外形）属性组，如图8-346所示。最后在Renderer（渲染）卷展栏中设置Max Particle Size（渲染粒子的大小）为2，如图8-347所示。

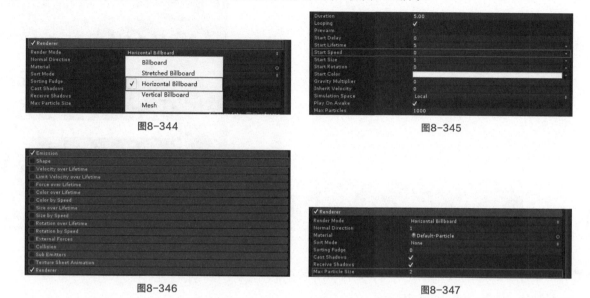

图8-344

图8-345

图8-346

图8-347

步骤03 在基础属性卷展栏中设置Start Size（初始大小）为20，如图8-348所示。然后设置Start Lifetime（初始生命）为0.8，如图8-349所示。接着根据制作的特效设置Start Color（初始颜色），如图8-350所示。最后设置Start Delay（初始延迟）为1.38，如图8-351所示。

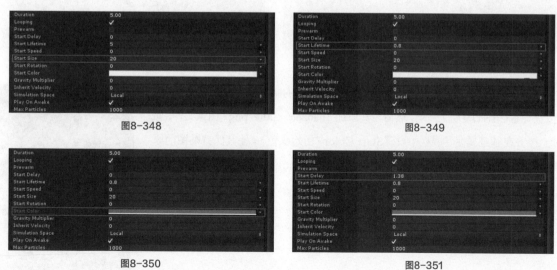

图8-348

图8-349

图8-350

图8-351

步骤04 取消选择Looping（循环）选项，如图8-352所示。然后在Emission
（发射）卷展栏中设置Rate（速率）为0、Bursts（爆开）的Particles（粒子）为
3，如图8-353所示。接着在Color over Lifetime（颜色生命周期的变化）卷展
栏中设置Color（颜色）属性的色标，如图8-354所示。

图8-352

图8-353

图8-354

步骤05 在基础属性卷展栏中设置Start Rotation（初始旋转）为45，如图8-355所示。然后在Renderer（渲染）卷展栏中设置
Sorting Fudge（排序校正）为−500，如图8-356所示。

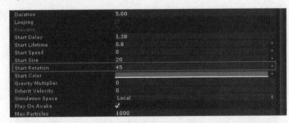

图8-355

图8-356

步骤06 前面制作了地面裂开的亮色，下面来制作爆开地裂的暗色底，加暗色是为了更
突出亮色。按快捷键Ctrl+D复制上一层，然后为其添加"baozha_xjl006.png"图像文件，如
图8-357所示。接着在基础属性卷展栏中设置Start Color（初始颜色），使其保持贴图的原
色，如图8-358所示。最后在Renderer（渲染）卷展栏中设置Sorting Fudge（排序校正）为
300，使亮色比暗色的优先渲染出来，如图8-359所示。

图8-357

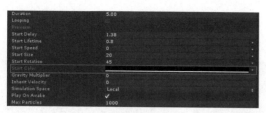

图8-358

图8-359

步骤07 复制上一个地裂效果，用来制作扩散出去的地环，然后为其添加"fz005a_xjl.dds"图像文件，如图8-360所示。接着在Renderer（渲染）卷展栏中设置Sorting Fudge（排序校正）为—200，如图8-361所示。最后在基础属性卷展栏中设置Start Size（初始大小）为35，如图8-362所示。

图8-360

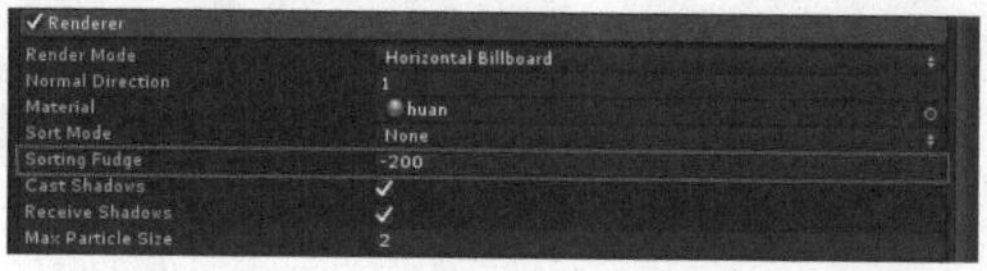

图8-361

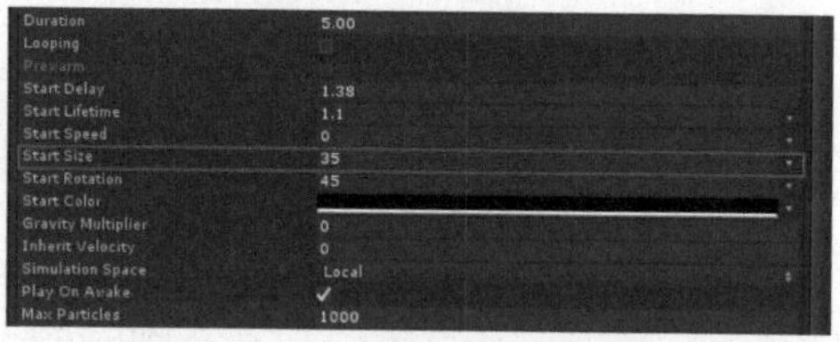

图8-362

步骤08 在Emission（发射）卷展栏中设置Rate（速率）为0、Bursts（爆开）的Particles（粒子）为8，如图8-363所示。然后在基础属性卷展栏中设置Start Lifetime（初始生命）为0.8，如图8-364所示。因为制作的是暗色的扩散地，所以把粒子的颜色整体调暗，设置Start Color（初始颜色），如图8-365所示。

图8-363

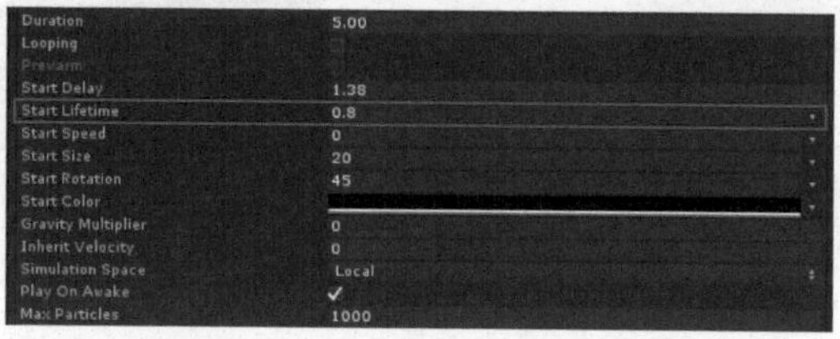

图8-364

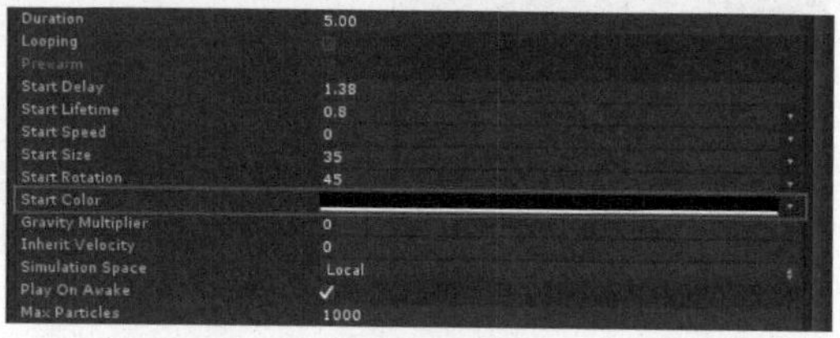

图8-365

步骤09 复制上一个效果，然后为其添加"dg_xjl006.dds"文件图像，如图8-366所示。接着在基础属性卷展栏中设置Start Lifetime（初始生命）为0.2，如图8-367所示。最后设置Start Delay（初始延迟）为1.39，如图8-368所示。

图8-366

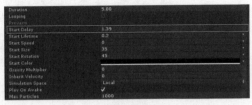
图8-367   图8-368

▪步骤10▪ 在Color over Lifetime（颜色生命周期的变化）卷展栏中设置Color（颜色）属性的色标，使其颜色淡一点，如图8-369所示。在Size over Lifetime（大小生命周期的变化）卷展栏中设置Size（大小）属性的曲线，如图8-370所示。

图8-369

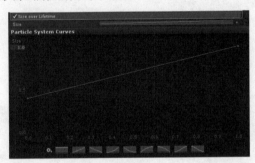
图8-370

▪步骤11▪ 新建一个粒子系统，将其坐标归零，然后添加 "DirtBits_sooty_03.dds" 图像文件，如图8-371所示。接着在Texture Sheet Animation（贴图的UV动画）卷展栏中将Tiles的X和Y均设置为2，如图8-372所示。最后根据序列贴图，选择其中一个想要的效果的石头。例如，现在想要第2块石头，就把Frame over Time的曲线拖曳到2，如图8-373所示。

图8-371

图8-372

图8-373

▪步骤12▪ 在Shape（外形）卷展栏中设置Shape（外形）为Cone（圆锥形）、Angle（角度）为25、Radius（半径）为0.5，如图8-374所示。然后在Emission（发射）卷展栏中设置Rate（速率）为0、Bursts（爆开）的Particles

图8-374

（粒子）为15，如图8-375所示。接着在基础属性卷展栏中设置Start Speed（初始速度）为（35，20），如图8-376所示。

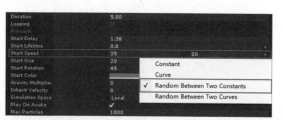

图8-375   图8-376

步骤13 在基础属性卷展栏中设置Gravity Multiplier（调节重力）为6，如图8-377所示。因为整个特效比较多、比较复杂，所以这里就不给粒子添加碰撞面板。另外，如果是手游，效果过多会占用过多的设备资源，而且整体效果也不明显。接着设置Start Lifetime（初始生命）为（0.8，1.8），如图8-378所示。最后设置Start Rotation（初始旋转）为（0，360），如图8-379所示。

图8-377

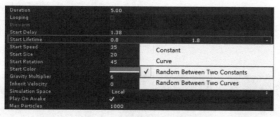

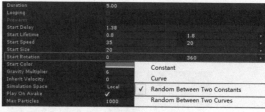

图8-378   图8-379

步骤14 设置Start Size（初始大小）为（0.5，1），如图8-380所示。然后在Rotation over Lifetime（旋转生命周期的变化）卷展栏中设置Angular Velocity（角速度）为（－200，－200），如图8-381所示。

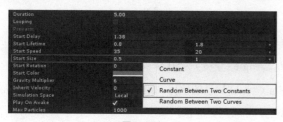

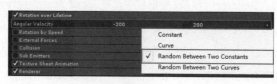

图8-380   图8-381

步骤15 复制上一层粒子，在Renderer（渲染）卷展栏中设置Renderer Mode（渲染模式）改为Streched Billboard（拉伸的渲染），如图8-382所示。然后在基础属性卷展栏中设置Gravity Multiplier（调节重力）为0，如图8-383所示。接着为粒子添加"hx_xjl001.tga"图像文件，如图8-384所示。

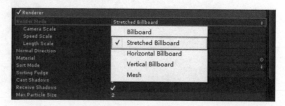

图8-382

图8-384

图8-383

步骤16 因为图像文件不是序列贴图,所以取消选择Texture Sheet Animation(贴图的UV动画)属性组,如图8-385所示。然后在基础属性卷展栏中设置Start Speed(初始速度)为(40, 20),如图8-386所示。接着设置Start Lifetime(初始生命)为(0.1, 0.3),如图8-387所示。最后设置Start Rotation(初始旋转)为0,如图8-388所示。

图8-385

图8-386

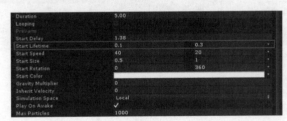

图8-387

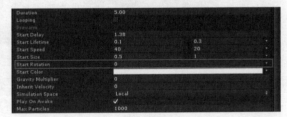

图8-388

步骤17 在Renderer(渲染)卷展栏中设置Speed Scale(拉伸速度)为-0.25、Length Scale(拉伸长度)为0.2,如图8-389所示。然后在Shape(外形)卷展栏中设置Shape(外形)为Cone(圆锥形)、Angle(角度)为50、Radius(半径)为0.3,如图8-390所示。接着在Color over Lifetime(颜色生命周期的变化)卷展栏中设置Color(颜色)属性的色标,如图8-391所示。最后在Emission(发射)卷展栏中设置Rate(速率)为0、Bursts(爆开)的Particles(粒子)为25,如图8-392所示。

图8-389

图8-390

图8-391

图8-392

■ **步骤18** ■ 把刚制作的光线复制一份，用来制作地面上产生的小碎粒，然后在Renderer（渲染）卷展栏中设置Render Mode（渲染模式）为Billboard（公告栏的渲染），如图8-393所示。接着在基础属性卷展栏中设置Start Speed（初始速度）为（15，5），如图8-394所示。再设置Start Lifetime（初始生命）为（1，0.8），如图8-395所示。最后设置Start Rotation（初始旋转）为（0，360），如图8-396所示。

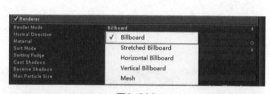

图8-393

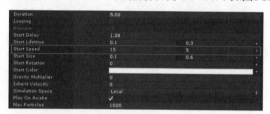

图8-394

图8-395

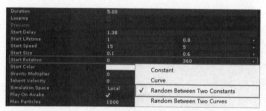

图8-396

■ **步骤19** ■ 设置Gravity Multiplier（调节重力）为2.5，使粒子发射出来向下跌落，如图8-397所示。然后在Color over Lifetime（颜色生命周期的变化）卷展栏中设置Color（颜色）属性的色标，如图8-398所示。接着取消选择Rotation over Lifetime（旋转生命周期的变化）属性组，如图8-399所示。最后在Shape（外形）卷展栏中设置Shape（外形）为Cone（圆锥形）、Angle（角度）为50、Radius（半径）为1.5，如图8-400所示。

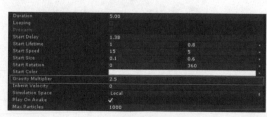

图8-397

图8-398

图8-399

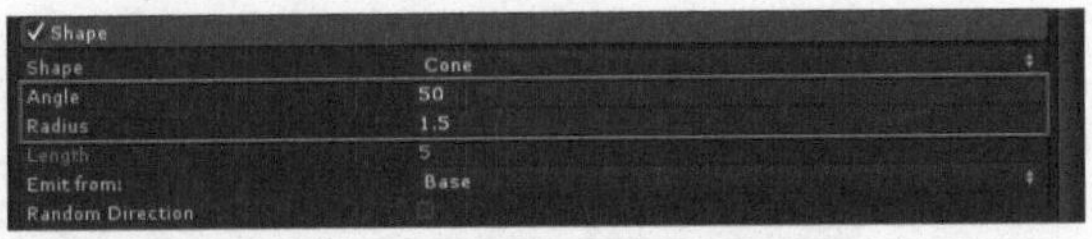

图8-400

步骤20 复制第1次砸地时制作的地面上的两个血液效果,拖曳给第2次砸地,然后将其坐标归零,接着设置Start Delay(初始延迟)为1.38,如图8-401所示。在Shape(外形)卷展栏中设置Shape(外形)为Box(盒子)、Box *X*(盒子*X*)为8、Box *Y*(盒子*Y*)为7,如图8-402所示。因为这个动作两下砸地都挨得非常近,效果太大会显得杂乱,因此设置Start Size(初始大小)为(6, 10),如图8-403所示。效果如图8-404所示。

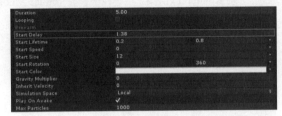

图8-401

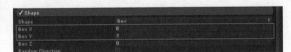

图8-402

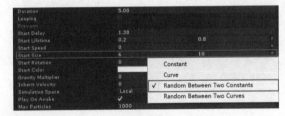

图8-403

图8-404

3.第3、4次砸地

第2至第4次砸地的动作几乎都是一样的,所以制作中间这三个特效时可以不用变化,太多的变化反而会显得很杂乱。其中最强的一个动作效果应该是最后一次打击,因此在最后时做一个大一点的特效。

步骤01 从第2次开始到第4次砸地的动作,基本都是砸在相同的位置,可以复制第2次制作的砸地特效,调节效果中的小细节,不用做过多的变化,修改延迟时间和位置即可。然后降低生命时间,生命时间太长会与其他效果重合在一起,效果不是太好。接着复制第2次砸地效果,调整其位置用来制作第3次砸地效果,如图8-405所示。

图8-405

步骤02 在基础属性卷展栏中设置Start Delay（初始延迟）为2，如图8-406所示。然后复制第3次砸地效果，调整其位置用来制作第4次砸地效果，如图8-407所示。

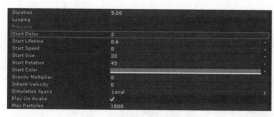

图8-406

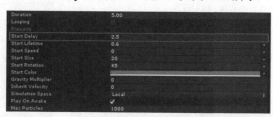

图8-407

步骤03 选择第4次砸地效果，然后设置Start Delay（初始延迟）为2.5，如图8-408所示。

图8-408

4.第5次砸地

第5次砸地是整个动作的大招，要制作出一个砸在地面后喷射血柱的效果，所以制作的地面和喷射效果都要进行调节。

步骤01 在这里还需要制作一个砸地的效果，把第2次砸地的效果复制一份，然后将其拖曳到第5次动作打击的位置，如图8-409所示。

步骤02 在基础属性卷展栏中设置Start Delay（初始延迟）为3.2，如图8-410所示。制作第5次砸地有不一样的变化，把不需要用到的粒子删除。选择02发射出来的小碎石，按Delete键将其删除，然后把砸地01换一张 "ef_buff_9.tga" 图像文件，如图8-411所示。

图8-409

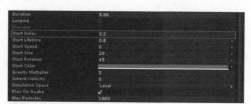

图8-410

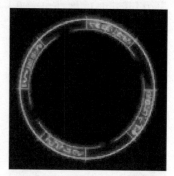

图8-411

步骤03 在基础属性卷展栏中设置Start Lifetime（初始生命）为0.6，如图
8-412所示。然后设置Start Size（初始大小）为25，使效果尽量比前几次砸地都
大一些，以便于区分出不同的打击感，如图8-413所示。接着设置Start Rotation
（初始旋转）为（0，360），如图8-414所示。

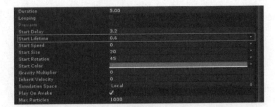

图8-412

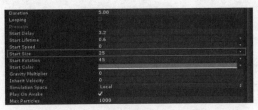

图8-413

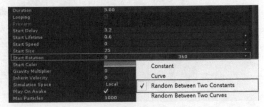

图8-414

步骤04 调整Start Color（初始颜色），如图8-415所示。然后在Size over
Lifetime（大小生命周期的变化）卷展栏中设置Size（大小）属性的曲线，使效果
从小到大地发射出来，发射到一定时间后保持一定的大小，如图8-416所示。

图8-415

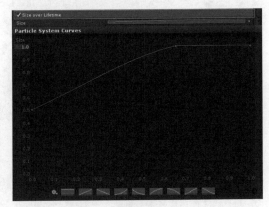

图8-416

步骤05 选选择第5次砸地04效果，为其添加"QJ_03dave_026.png"图像文件，如图8-417所示。然后在基础属性卷展栏中设置
Start Lifetime（初始生命）为0.3，如图8-418所示。接着设置Start Size（初始大小）为70，如图8-419所示。

图8-417

图8-418

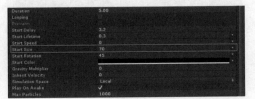

图8-419

步骤06 在Color over Lifetime（颜色生命周期的变化）卷展栏中设置Color（颜色）属性的色标，如图8-420所示。在Size over Lifetime（大小生命周期的变化）卷展栏中设置Size（大小）属性的曲线，如图8-421所示。

图8-420

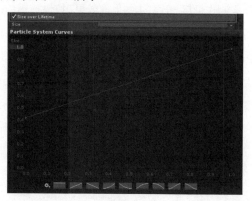

图8-421

步骤07 选择第五次砸地07效果，为其添加"blast_nova_26.dds"图像文件，如图8-422所示。然后在基础属性卷展栏中设置Start Lifetime（初始生命）为0.8，如图8-423所示。接着设置Start Size（初始大小）为30，如图8-424所示。

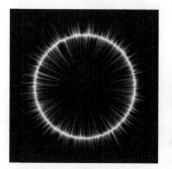

图8-422

图8-423

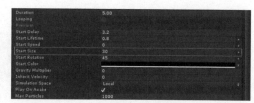

图8-424

步骤08 设置Start Color（初始颜色），使其偏黑红一些，如图8-425所示。这样第5次砸地的效果就制作完成了，如图8-426所示。还有部分血液和地裂里面的细节，可自己根据所做的特效大小、时间长短进行细微调整。

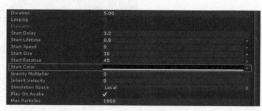

图8-425

图8-426

8.3.4 血柱

步骤01 下面来制作最后一次打击的血柱效果，按快捷键Ctrl+Shift+N新建一个空集，将位置坐标全部归零，然后拖曳到第5次动作打击的位置，如图8-427所示。接着新建一个粒子系统，将其作为空集的子级，最后将其位置归零。

步骤02 在Renderer（渲染）卷展栏下设置Render Mode（渲染模式）为Stetched Billboard（拉伸的渲染），如图8-428所示。在Shape（外形）卷展栏中设置Shape（外形）为Cone（圆锥形）、Angle（角度）为0、Radius（半径）为2，如图8-429所示。接着在基础属性卷展栏中设置Start Lifetime（初始生命）为0.2，如图8-430所示。

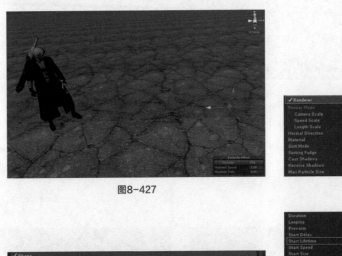

图8-427

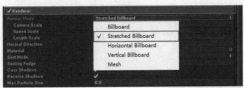

图8-428

图8-429

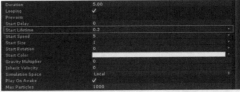

图8-430

步骤03 在Renderer（渲染）卷展栏中设置Speed Scale（拉伸速度）为−4、Length Scale（拉伸长度）为0.2，如图8-431所示。然后为效果添加"xy_xjl001.dds"图像文件，如图8-432所示。

图8-431

图8-432

▪ **步骤04** ▪ 在基础属性卷展栏中设置Start Speed（初始速度）为（20，60），如图8-433所示。然后设置Start Size（初始大小）为3，如图8-434所示。接着在Size over Lifetime（大小生命周期的变化）卷展栏中设置Size（大小）属性的曲线，如图8-435所示。

▪ **步骤05** ▪ 在Color over Lifetime（颜色生命周期的变化）卷展栏中设置Color（颜色）属性的色标，如图8-436所示。然后在Emission（发射）卷展栏中设置Rate（速率）为40、Bursts（爆开）的Particles（粒子）为10，如图8-437所示。接着设置Start Color（初始颜色），如图8-438所示。

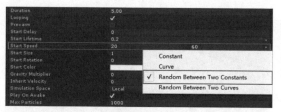
图8-433

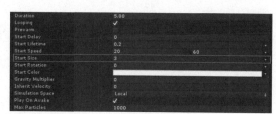
图8-434

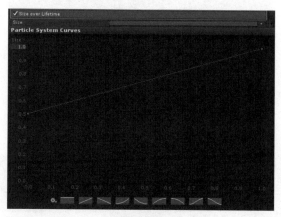
图8-435

图8-436

图8-437

图8-438

▪ **步骤06** ▪ 在基础属性卷展栏中设置Start Delay（初始延迟）为3.2，如图8-439所示。然后取消选择Looping（循环）选项，如图8-440所示。接着设置Duration（持续时间）为0.6，如图8-441所示。

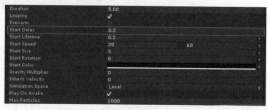
图8-439

图8-440

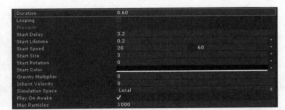

图8-441

步骤07 在Renderer（渲染）卷展栏中设置Max Particle Size（渲染粒子的大小）为3，如图8-442所示。制作好一个效果后，按E键调整效果的角度，如图8-443所示。

图8-442

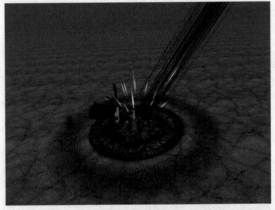

图8-443

步骤08 复制上一个效果，制作亮色效果。在基础属性卷展栏中设置Start Color（初始颜色），使其保持贴图的原有颜色，如图8-444所示。然后在Shape（外形）卷展栏中设置Shape（外形）为Cone（圆锥形）、Angle（角度）为0、Radius（半径）为1.5，如图8-445所示。接着在Renderer（渲染）卷展栏中设置Sorting Fudge（排序校正）为－500，如图8-446所示。

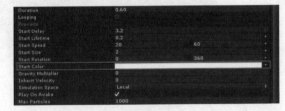

图8-444

图8-445

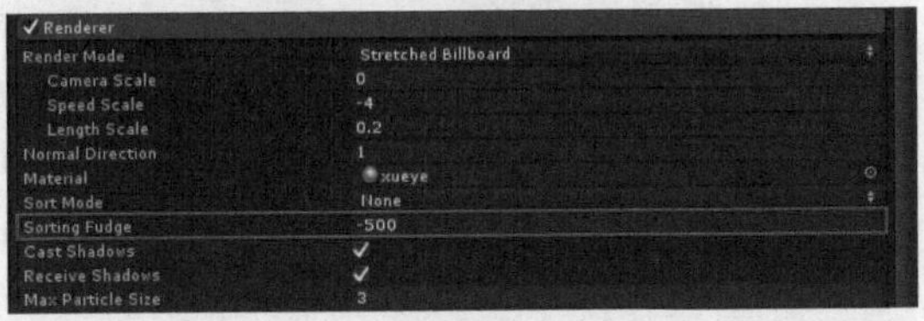

图8-446

步骤09 复制上一个效果，在Shape（外形）卷展栏中设置Shape（外形）为Cone（圆锥形）、Angle（角度）为0、Radius（半径）为3.5，如图8-447所示。然后为该效果添加"equake2bbb.dds"图像文件，如图8-448所示。

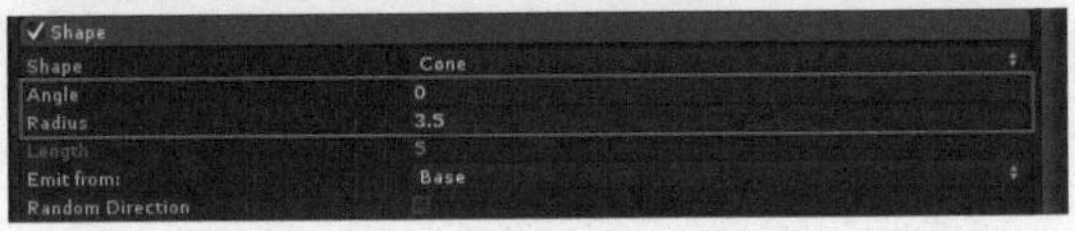

图8-447

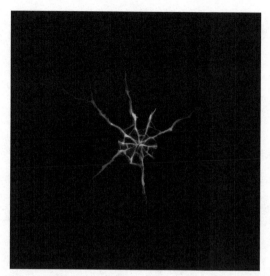

图8-448

步骤10 在基础属性卷展栏中设置Start Color（初始颜色），如图8-449所示。然后在Renderer（渲染）卷展栏中设置Sorting Fudge（排序校正）为－800，如图8-450所示。这样第5次砸地后喷射出的血柱也已经制作完成，效果如图8-451所示。

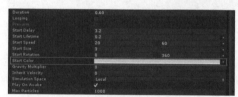

图8-449

图8-450

图8-451

8.4 旋风打击特效案例讲解

案例位置	Examples>CH08>XuanFengDaJi.unitypackag
素材位置	Footage>CH08
难易指数	★★★☆☆

该效果是通过角色自身的旋转挥砍出一个旋风的效果从而造成直线范围内的伤害。首先，制作一个环绕人物自身旋转的效果，如图8-452所示，还可以做些烟雾和小光点等效果。然后制作人物刀光打出去后与地面产生的效果，如图8-453所示。

图8-452

图8-453

8.4.1 旋转的漩涡

在制作效果的过程中，在空间上移动效果可以达到优先渲染的感觉，让效果更有层次感。也可以通过叠加粒子，用不同的贴图把效果的层次感体现出来。

1.烟雾

步骤01 建立一个粒子系统，为其添加"QJ_yanyuansu.png"图像文件，用来制作烟雾的效果，如图8-454所示。然后在基础属性卷展栏中设置Start Speed（初始速度）为(7, 5)，如图8-455所示。接着在Shape（外形）卷展栏中设置Shape（外形）为Cone（圆锥形）、Angle（角度）为90、Radius（半径）为10，使效果向外扩散，如图8-456所示。

图8-454

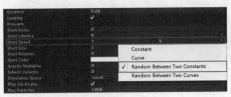

图8-455

图8-456

步骤02 在基础属性卷展栏中设置Start Rotation（初始旋转）为（0，360），如图8-457所示。然后在Color over Lifetime（颜色生命周期的变化）卷展栏中设置Color（颜色）属性的色标，使颜色偏黄一些，如图8-458所示。接着在基础属性卷展栏中设置Start Size（初始大小）为（15，8），如图8-459所示。

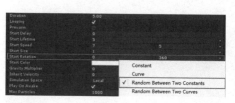

图8-457

图8-458

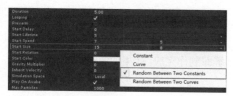

图8-459

步骤03 在Size over Lifetime（大小生命周期的变化）卷展栏中设置Size（大小）属性的曲线，如图8-460所示。然后在Emission（发射）卷展栏中设置Rate（速率）为30，如图8-461所示。接着在基础属性卷展栏中设置Duration（持续时间）为1.8，如图8-462所示。

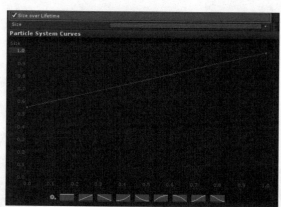

图8-460

图8-461

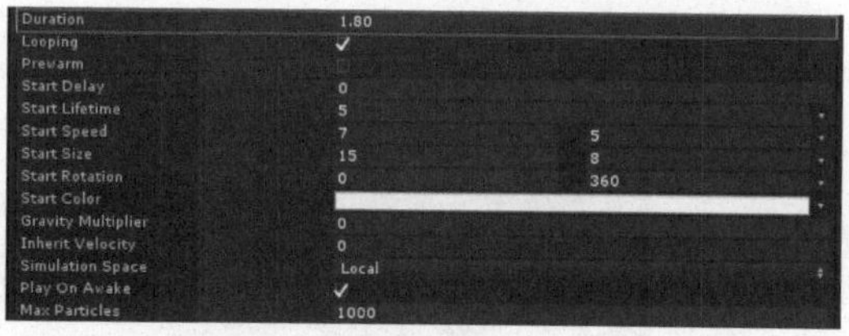

图8-462

步骤04 取消选择Looping（循环），如图8-463所示。然后设置Start Delay（初始延迟），如图8-464所示。接着在Renderer（渲染）卷展栏中设置Max Particle Size（渲染粒子的大小）为2，如图8-465所示。

图8-463

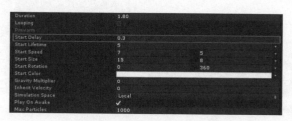

图8-464

图8-465

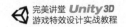

步骤05 在Renderer（渲染）卷展栏中设置Sorting Fudge（排序校正）为－800，使该效果优先于暗色渲染，如图8-466所示。然后复制上一层效果，为其添加"QJ_dust02.png"图像文件，如图8-467所示。接着在Emission（发射）卷展栏中设置Rate（速率）为50，如图8-468所示。

步骤06 在Color over Lifetime（颜色生命周期的变化）卷展栏中设置Color（颜色）属性的色标，做一个偏深色烟雾的底，如图8-469所示。在Renderer（渲染）卷展栏中设置Sorting Fudge（排序校正）为－500，如图8-470所示。这样烟雾即制作完成，效果如图8-471所示。

图8-467

图8-466

图8-469

图8-468

图8-470

图8-471

2.光点

步骤01 按快捷键Ctrl+D复制上一层，为其添加 "hx_xjl001.tga" 图像文件，制作飞散出去的小粒子，如图8-472所示。然后在基础属性卷展栏中设置Start Size（初始大小）为（0.3，1.5），如图8-473所示。接着设置Start Lifetime（初始生命），如图8-474所示。

图8-472

图8-473

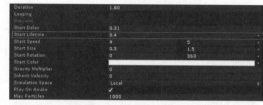

图8-474

步骤02 设置Start Speed（初始速度）为（10，5），如图8-475所示。然后设置Duration（持续时间）为1.2，如图8-476所示。接着在Shape（外形）卷展栏中设置Shape（外形）为Cone（圆锥形）、Angle（角度）为80、Radius（半径）为10，如图8-477所示。

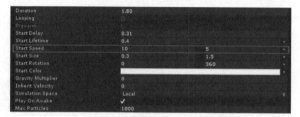

图8-475

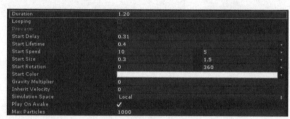

图8-476

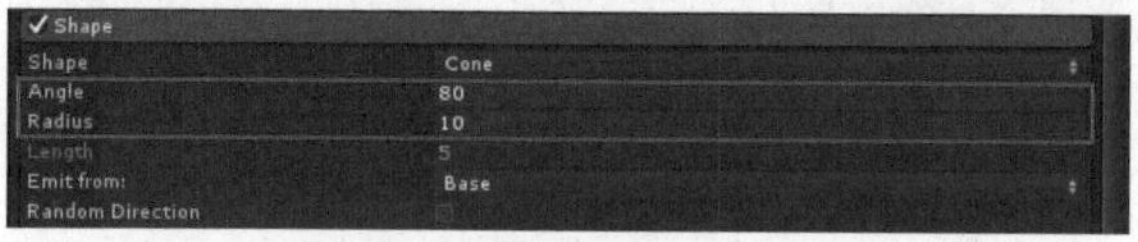

图8-477

步骤03 在Color over Lifetime（颜色生命周期的变化）卷展栏中设置Color（颜色）属性的色标，如图8-478所示。然后关闭效果的渲染层级，接着复制一层效果，为其添加 "TX_YuanSu_BaoZhaGuang_zt_02_baise8.png" 图像文件，如图8-479所示。

图8-478

图8-479

步骤04 在Shape（外形）卷展栏中设置Shape（外形）为Sphere（球形），如图8-480所示。然后设置Radius（半径）为12，如图8-481所示。

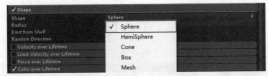

图8-480

图8-481

步骤05 在基础属性卷展栏中设置Start Speed（初始速度）为（－10，－3），使粒子从外向内收缩，如图8-482所示。然后设置Start Size（初始大小）为（1.5, 4），如图8-483所示。接着在Emission（发射）卷展栏中设置Rate（速率）为25，如图8-484所示。

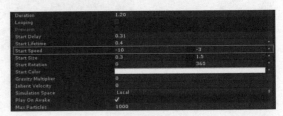

图8-482

图8-483

图8-484

步骤06 在Color over Lifetime（颜色生命周期的变化）卷展栏中设置Color（颜色）属性的色标，如图8-485所示。然后在Size over Lifetime（大小生命周期的变化）卷展栏中设置Size（大小）属性的曲线，如图8-486所示。

图8-485

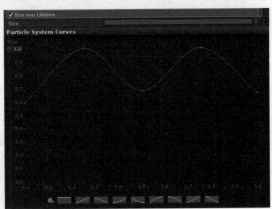

图8-486

步骤07 复制上一层效果，为其添加"AA effect 00729.dds"图像文件，用来制作由外向内吸收的小闪电效果，如图8-487所示。然后设置Start Lifetime（初始生命）为（0.6, 0.3），如图8-488所示。

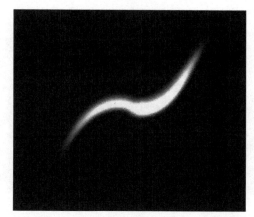

图8-487

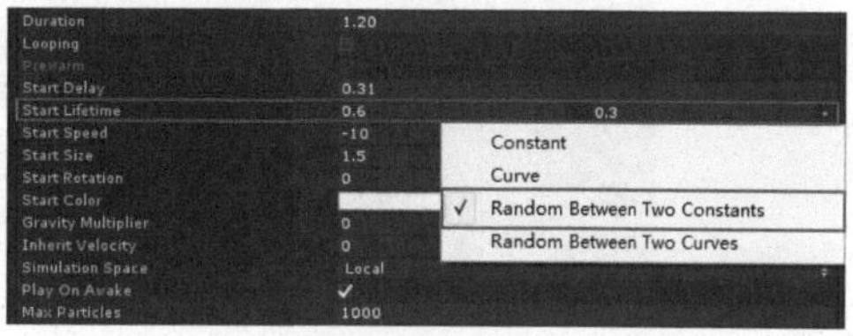

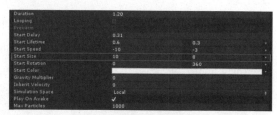

图8-488

步骤08 在基础属性卷展栏中设置Start Size（初始大小）为（10，8），如图8-489所示。然后设置Start Color（初始颜色），如图8-490所示。接着在Emission（发射）卷展栏中设置Rate（速率）为10，如图8-491所示。

图8-489

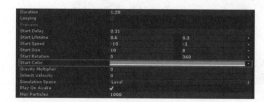

图8-490

图8-491

步骤09 在Shape（外形）卷展栏中设置Shape（外形）为HemiSphere（半球形），如图8-492所示。然后设置Radius（半径）为8，如图8-493所示。接着在Color over Lifetime（颜色生命周期的变化）卷展栏中设置Color（颜色）属性的色标，如图8-494所示。

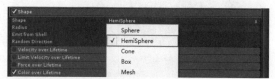

图8-492

图8-493

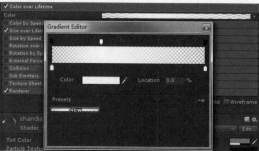

图8-494

步骤10 在Size over Lifetime（大小生命周期的变化）卷展栏中设置Size（大小）属性的曲线，如图8-495所示。这样人物身上的光点效果就制作完成了，效果如图8-496所示。

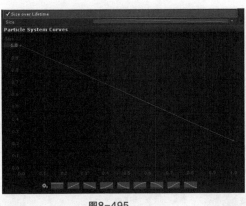

图8-495

图8-496

3.光效

步骤01 新建一个粒子系统来制作刀光，为其添加"Effects_Textures_805-1.png"图像文件，如图8-497所示。然后在基础属性卷展栏中设置Start Speed（初始速度）为0，如图8-498所示。接着取消选择Shape（形态）属性组，配合零速度就是在一个点上进行发射，如图8-499所示。

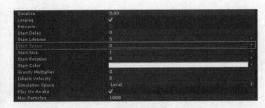

图8-498

图8-497

图8-499

步骤02 调整粒子的位置，如图8-500所示。然后在Renderer（渲染）卷展栏中设置Render Mode（渲染模式）为Horizontal Billboard（平行的渲染），如图8-501所示。接着设置Start Lifetime初始生命）为（0.2，0.8），如图8-502所示。

图8-500

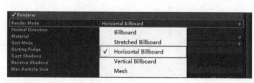

图8-501

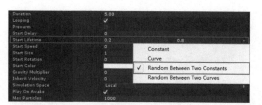

图8-502

步骤03 在基础属性卷展栏中取消选择Looping（循环）选项，只发射一次即可，如图8-503所示。然后设置Duration（持续时间）为1.2，如图8-504所示。接着在Rotation over Lifetime（旋转生命周期的变化）卷展栏中设置Angular Velocity（角速度）为−1500，如图8-505所示。

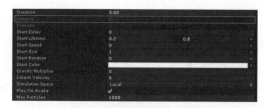

图8-503

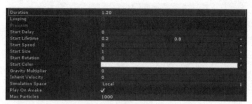

图8-504

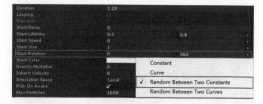

图8-505

步骤04 在基础属性卷展栏中设置Start Rotation（初始旋转）为（0，360），如图8-506所示。然后在Emission（发射）卷展栏中设置Rate（速率）为0、Bursts（爆开）的Particles（粒子）为1，如图8-507所示。接着设置Start Color（初始颜色），如图8-508所示。

图8-506

图8-507

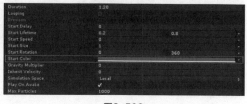

图8-508

步骤05 在基础属性卷展栏中设置Start Delay（初始延迟）为0.4，如图8-509所示。然后设置Start Size（初始大小）为40，如图8-510所示。接着在Color over Lifetime（颜色生命周期的变化）卷展栏中设置Color（颜色）属性的色标，如图8-511所示。最后在Renderer（渲染）卷展栏中设置Max Particle Size（渲染粒子的大小）为4，如图8-512所示。

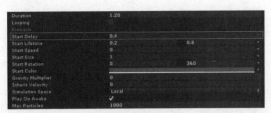
图8-509

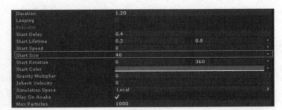
图8-510

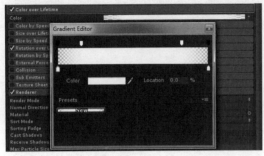
图8-511

图8-512

步骤06 复制上一个效果，为其添加"eclipse.dds"图像文件，如图8-513所示。然后在基础属性卷展栏中设置Start Color（初始颜色），使发射的粒子形成一层亮色的光效，制作刀光锋利的一层，如图8-514所示。接着在Emission（发射）卷展栏中设置Rate（速率）为0、Bursts（爆开）的Particles（粒子）为3，如图8-515所示。

图8-513

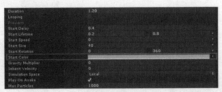
图8-514

图8-515

步骤07 按快捷键Ctrl+D复制上一层效果，为其添加"glow_00041.dds"图像文件，如图8-516所示。然后在基础属性卷展栏中设置Start Lifetime（初始生命）为（0.8，1.2），如图8-517所示。接着在Emission（发射）卷展栏中设置Rate（速率）为0、Bursts（爆开）的Particles（粒子）为2，如图8-518所示。

图8-516

图8-517

图8-518

■**步骤08**■ 在Size over Lifetime（大小生命周期的变化）卷展栏中设置Size（大小）属性的曲线，如图8-519所示。然后在基础属性卷展栏中设置Start Color（初始颜色），如图8-520所示。

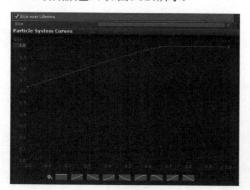

图8-519

图8-520

■**步骤09**■ 按快捷键Ctrl+D复制上一层效果，为其添加"dg_xjl007.dds"图像文件，如图8-521所示。然后在基础属性卷展栏中设置Start Delay（初始延迟）为0.3，如图8-522所示。接着在Emission（发射）卷展栏中设置Rate（速率）为2，如图8-523所示。最后在基础属性卷展栏中设置Start Lifetime（初始生命）为（0.2，0.5），如图8-524所示。

图8-521

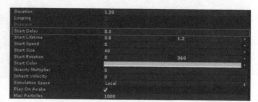

图8-522

图8-523

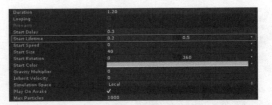

图8-524

步骤10 按快捷键Ctrl+D复制上一层，然后添加"Effects_Textures_948-1.png"，如图8-525所示。接着在Rotation over Lifetime（旋转生命周期的变化）卷展栏中设置Angular Velocity（角速度）为−900，如图8-526所示。最后在基础属性卷展栏中设置Start Color（初始颜色），如图8-527所示。

图8-525

图8-526

图8-527

步骤11 在基础属性卷展栏中设置Start Size（初始大小）为55，如图8-528所示。然后设置Start Lifetime（初始生命）为（0.5，1.2），如图8-529所示。接着在Renderer（渲染）卷展栏中设置Sorting Fudge（排序校正）为−500，如图8-530所示。最后调整效果的位置，效果如图8-531所示。

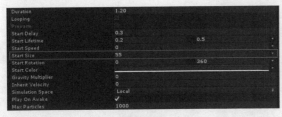

图8-528

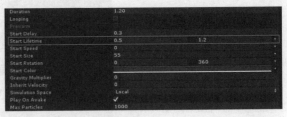

图8-529

图8-530

图8-531

8.4.2 发射出去的效果

■步骤01■ 复制刀光部分的效果，然后在Renderer（渲染）卷展栏中设置Render Mode（渲染模式）为Mesh（模型的渲染），如图8-532所示。接着指定一个面片发射粒子，如图8-533所示。

■步骤02■ 调整刀光效果的方向，如图8-534所示。调整好角度以后，选中一些多余不需要的刀光，按Delete键删除，留下需要的刀光效果，也可以根据自己的要求更换刀光效果。

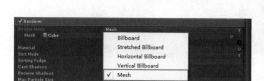

图8-532

图8-533

图8-534

■步骤03■ 在基础属性卷展栏中设置Start Size（初始大小）为1.9，如图8-535所示。然后设置Start Lifetime（初始生命）为（0.2, 0.8），如图8-536所示。

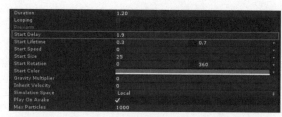

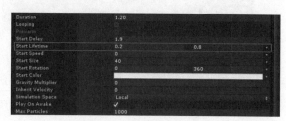

图8-535

图8-536

步骤04 按快捷键Ctrl+6给效果设置一个动画,使效果在2s后成直线发射出去,如图8-537所示。然后选择这个动画系统,取消选择Loop Time(循环时间),只让这个动画播放一次,如图8-538所示。

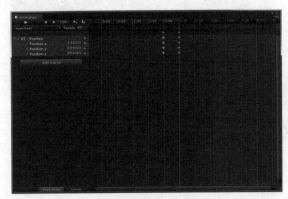

图8-537

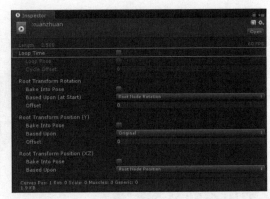

图8-538

1.地裂

步骤01 新建一个粒子系统,把位置归零,然后拖曳到刚刚做的动画空集中,接着设置Simulation Space(模拟控件)为World(世界坐标),让粒子停留在世界坐标内,如图8-539所示。

步骤02 在Renderer(渲染)卷展栏中设置Render Mode(渲染模式)为Horizontal Billboard(平行的渲染),如图8-540所示。然后在基础属性卷展栏中设置Start Speed(初始速度)为0,如图8-541所示。接着取消选择Shape(形态)属性组,如图8-542所示。

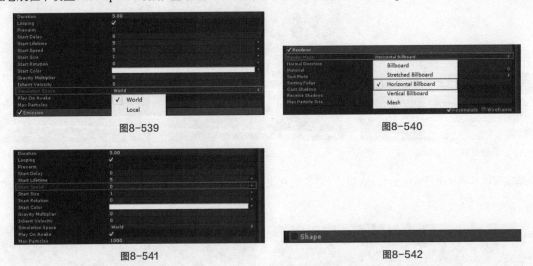

图8-539

图8-540

图8-541

图8-542

步骤03 为粒子添加"sd_xjl02_03.png"图像文件,如图8-543所示。然后在基础属性卷展栏中设置Start Color(初始颜色),如图8-544所示。接着设置Start Rotation(初始旋转)为90,如图8-545所示。

步骤04 ▪ 设置Start Size（初始大小)为40，如图8-546所示。然后在Renderer（渲染）卷展栏中设置Max Particle Size（渲染粒子的大小）为4，如图8-547所示。接着在基础属性卷展栏中设置Duration（持续时间）为0.6，如图8-548所示。

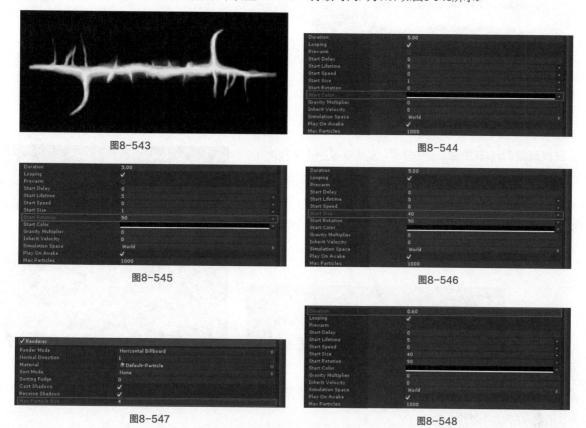

图8-543

图8-544

图8-545

图8-546

图8-547

图8-548

步骤05 ▪ 设置Start Lifetime（初始生命）为（1，0.8），如图8-549所示。然后设置Start Delay（初始延迟）为1.9，如图8-550所示。接着在Color over Lifetime（颜色生命周期的变化）卷展栏中设置Color（颜色）属性的色标，如图8-551所示。最后在Renderer（渲染）卷展栏中设置Sorting Fudge（排序校正）为－100，如图8-552所示。

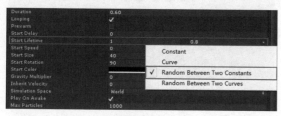

图8-549

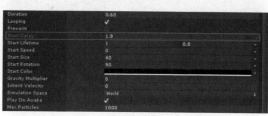

图8-550

图8-551

图8-552

步骤06 按快捷键Ctrl+D复制上一个效果，为其添加"sd_xjl00_03. png"图像文件，如图8-553所示。然后在Renderer（渲染）卷展栏中设置 Sorting Fudge（排序校正）为一200，如图8-554所示。接着在基础属性卷展 栏中设置Start Color（初始颜色），如图8-555所示。

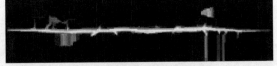

图8-553

图8-554

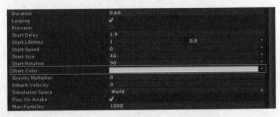

图8-555

步骤07 设置Start Size（初始大小）为30，如图8-556所示。然后在Color over Lifetime（颜色生命周期的变化）卷展栏中设置Color （颜色）属性的色标，如图8-557所示。

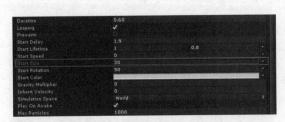

图8-556

图8-557

步骤08 按快捷键Ctrl+D复制上一层效果，然后在基础属性卷展栏中设置Start Color（初始颜色），如图8-558所示。接着设置 Start Size（初始大小）为50，如图8-559所示。

图8-558

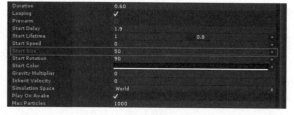

图8-559

步骤09 在Color over Lifetime（颜色生命周期的变化）卷展栏中设置Color（颜色）属性的色标，如图8-560所示。然后在Renderer（渲染）卷展栏中设置Sorting Fudge（排序校正）为100，如图8-561所示。

图8-560

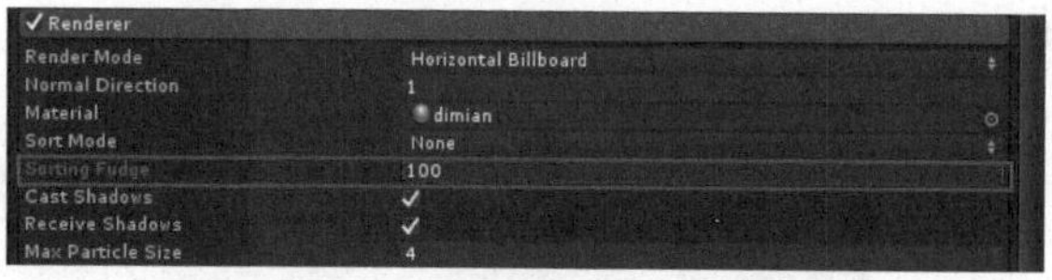

图8-561

2.碎石

步骤01 新建一个粒子系统，把坐标归零，然后拖曳到制作动画的空集里，接着设置Simulation Space（模拟空间）为World（世界坐标），如图8-562所示。最后为效果添加"QJ_dust02.png"图像文件，如图8-563所示。

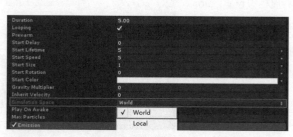

图8-562

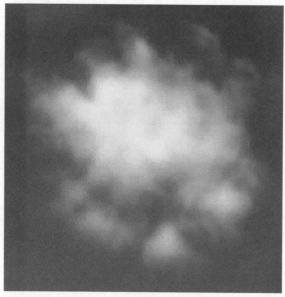

图8-563

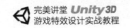
▪步骤02▪ 在Shape（外形）卷展栏中设置Shape（外形）为Cone（圆锥形）、Angle（角度）为20、Radius（半径）为1，如图8-564所
示。然后调整粒子的方向，如图8-565所示。接着在基础属性卷展栏中设置Start Size（初始大小）为（8，15），如图8-566所示。

▪步骤03▪ 设置Start Lifetime（初始生命）为（0.3，0.8），如图8-567所示。然后在Emission（发射）卷展栏中设置Rate（速率）为60，
如图8-568所示。接着在基础属性卷展栏中设置Start Color（初始颜色），如图8-569所示。

图8-564

图8-565

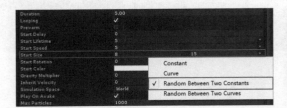

图8-566

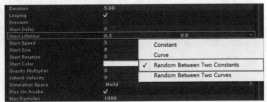

图8-567

图8-568

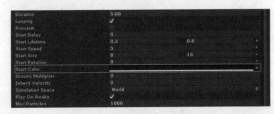

图8-569

▪步骤04▪ 在Color over Lifetime（颜色生命周期的变化）卷展栏中设置Color
（颜色）属性的色标，如图8-570所示。然后在基础属性卷展栏中设置Start
Speed（初始速度）为（20，30），如图8-571所示。接着取消选择Looping（循
环）选项，如图8-572所示。

图8-570

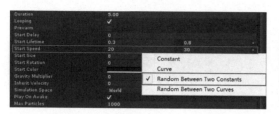

图8-571 图8-572

步骤05 设置Duration（持续时间）为0.6，如图8-573所示。然后设置Start Delay（初始延迟）为1.9，如图8-574所示。接着设置Start Rotation（初始旋转）为（0，360），如图8-575所示。

步骤06 在Renderer（渲染）卷展栏中设置Max Particle Size（渲染粒子的大小）为4，如图8-576所示。然后复制效果，在基础属性卷展栏中设置Start Color（初始颜色），如图8-577所示。接着设置Start Speed（初始速度）为（4，5），如图8-578所示。

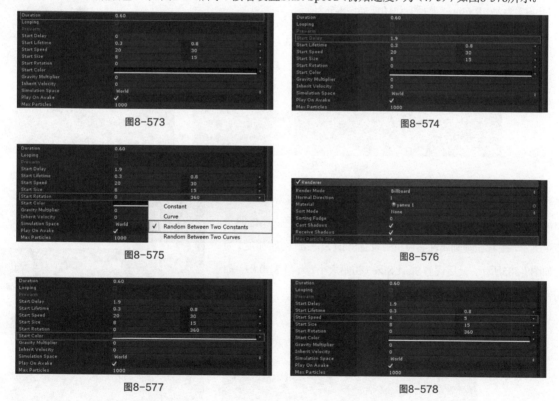

图8-573 图8-574

图8-575 图8-576

图8-577 图8-578

步骤07 设置Start Size（初始大小）为（6，12），让效果整体变小一点，如图8-579所示。然后在Renderer（渲染）卷展栏中设置Sorting Fudge（排序校正）为−200，如图8-580所示。

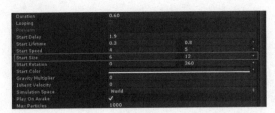

图8-579

图8-580

步骤08 按快捷键Ctrl+D复制烟雾效果，然后添加"DirtBits_sooty_03.dds"图像文件，制作划过地面产生的小碎石，如图8-581所示。接着在Texture Sheet Animation（贴图的UV动画）卷展栏中将Tiles的*X*和*Y*均设置为2，如图8-582所示。在Shape（外形）卷展栏中设置Shape（外形）为Cone（圆锥形）、Angle（角度）为25、Radius（半径）为0.01，如图8-583所示。

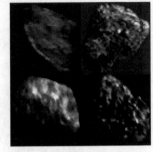

图8-581

图8-582

图8-583

步骤09 将Start Color（初始颜色）改为默认的贴图颜色，然后在Color over Lifetime（颜色生命周期的变化）卷展栏中设置Color（颜色）属性的色标，如图8-584所示。接着在基础属性卷展栏中设置Start Speed（初始速度）为（60，40），如图8-585所示。最后设置Start Size（初始大小）为（1.8，0.8），如图8-586所示。

图8-584

图8-585

图8-586

■**步骤10**■ 设置Gravity Multiplier（调节重力）为3，如图8-587所示。然后在Emission（发射）卷展栏中设置Rate（速率）为80，如图8-588所示。

图8-587

图8-588

■**步骤11**■ 在Renderer（渲染）卷展栏中设置Sorting Fudge（排序校正）为-500，如图8-589所示。这样，整个旋风打击的特效即制作完成，制作完成后的效果如图8-590和图8-591所示。

图8-589

图8-590

图8-591

第 **9** 章

法术攻击特效案例

本章主要了解什么是法术攻击特效，从而学习法术特效的制作方法。在下面的3个案例中我们会具体讲解法术特效与人物动作的融合。

学习要点：

了解什么是法术攻击

制作万里冰封特效

制作龙卷风特效

制作火焰气波特效

9.1 什么是法术攻击

法术攻击又叫魔法攻击，简称魔攻。魔攻是运用自然界的元素给予敌人打击，其杀伤力较高、范围较广、命中率高。但魔法攻击者体质较弱，回避率较高，经常拥有群攻技能，自身魔力的大小决定了法术的威力。

在特效制作中，将魔法攻击的特效称为法术特效。法术特效是游戏特效里最常见的特效类型，往往需要参考大自然的风、火、冰、电和土等自然元素，设计出各式各样的特效，如图9-1~图9-3所示。

图9-1

图9-2

图9-3

9.2 万里冰封特效案例讲解

案例位置	Examples>CH09>WanLiBingFeng.unitypackage
素材位置	Footage>CH09
难易指数	★★★☆☆

本节主要介绍一个典型的冰类法术特效的制作方法，冰法术是各游戏里常见的法术效果，如魔兽世界法师、英雄联盟的冰凤凰和暗黑破坏神里的法师等，都经常用到冰法术效果。本节中的粒子效果，就会让大家了解并学习冰封效果的典型制作方法，可以利用此方法，再加上自己的想法做出千变万化的冰封效果。

本例需要的素材包括施法动画模型、冰锥模型和相应的贴图，最终的效果如图9-4所示。

图9-4

9.2.1 动作模型和素材模型准备

▪ **步骤01** ▪ 导入人物模型"nvfashi_wanlibingfeng.FBX"，然后将位移归零，如图9-5所示。接着在Inspector（检测）面板中单击Select（选择）按钮，如图9-6所示。最后选择Rig（装备）选项卡设置Animation Type（动画类型）为Legacy（传统），如图9-7所示。

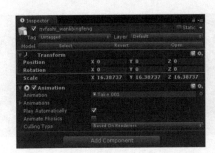

图9-5 图9-6 图9-7

▪ **步骤02** ▪ 播放动画检测人物动画是否已经开启，如图9-8所示。然后导入冰锥模型"bing.FBX"，并调整冰的位置及大小，如图9-9所示。

图9-8 图9-9

▪ **步骤03** ▪ 给冰锥模型赋予一个材质，然后添加"path_00365.dds"图像文件，如图9-10所示。接着调整颜色，效果如图9-11所示。

图9-10 图9-11

9.2.2 冰锥形态效果制作

■ **步骤01** ■ 创建新粒子，将新粒子拖曳到冰锥模型下，然后将其位移归零，如图9-12所示。接着在基础属性卷展栏中设置Start Speed（初始速度）为0，如图9-13所示。最后取消选择Shape（外形）属性组，如图9-14所示。

图9-12

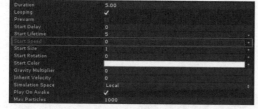

图9-13

图9-14

■ **步骤02** ■ 在Renderer（渲染）卷展栏中设置Render Mode（渲染模式）为Mesh（模型的渲染），如图9-15所示。然后指定"plane.FBX"模型，如图9-16所示。

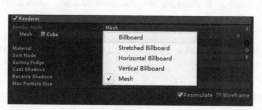

图9-15

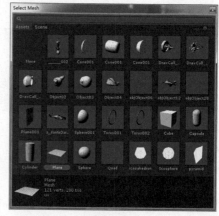

图9-16

■ **步骤03** ■ 在基础属性卷展栏中设置Max Particles（最大粒子数）为1，如图9-17所示。接着在Emission（发射）卷展栏中设置Rate（速率）为0、Bursts（爆开）的Particles（粒子）为30，如图9-18所示。再在基础属性卷展栏中设置Duration（持续时间）为0.1，如图9-19所示。最后调整整个冰锥的Start Color（初始颜色），效果如图9-20所示。

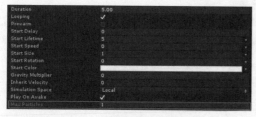

图9-17

图9-18

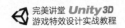

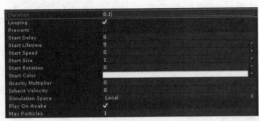

图9-19

图9-20

步骤04 按快捷键Ctrl+D复制上面制作的粒子系统，如图9-21所示。然后为其添加"yanhuo_00286.dds"图像文件，如图9-22所示。效果如图9-23所示。

图9-21

图9-22

图9-23

步骤05 按快捷键Ctrl+D复制上面制作的粒子系统，然后为其添加"fangsheguang_00159.dds"图像文件，如图9-24所示。效果如图9-25所示。

步骤06 按快捷键Ctrl+D复制上面制作的粒子系统，然后在Renderer（渲染）卷展栏中设置Render Mode（渲染模式）为Billboard（公告栏的渲染），如图9-26所示。接着为粒子添加"yanhuo_00187.dds"图像文件，如图9-27所示。效果如图9-28所示。

图9-24

图9-25

图9-26

图9-27

图9-28

9.2.3 法术整体形态调整

步骤01 按快捷键Ctrl+D复制出多个冰锥,如图9-29所示。然后将其按技能的释放轨迹摆放,如图9-30所示。接着将各个冰锥的大小、角度都做区分调整,如图9-31所示。

图9-29

图9-30

图9-31

步骤02 形态摆好后,隐藏冰锥,只显示第1个冰锥,如图9-32所示。然后设置冰锥01下所有粒子的Start Lifetime(初始生命)为3,如图9-33所示。接着取消选择Looping(循环),如图9-34所示。

图9-32

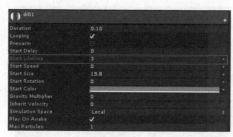

图9-33

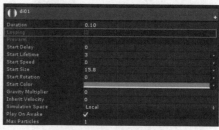

图9-34

■步骤03■ 在Size over Lifetime（大小生命周期的变化）卷展栏中设置Size（大小）属性的曲线，让其有突然爆开的效果，如图9-35所示。然后在基础属性卷展栏中设置Start Rotation（初始旋转）为（0，360），如图9-36所示。

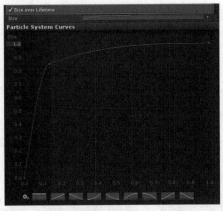

图9-35

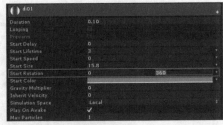

图9-36

9.2.4 整体氛围优化

■步骤01■ 复制发射plane.FBX的粒子，然后在Shape（外形）卷展栏中设置Shape（外形）为Sphere（球形），如图9-37所示。效果如图9-38所示。接着在基础属性卷展栏中设置Max Particles（最大粒子数）为6，如图9-39所示。

图9-37

图9-38

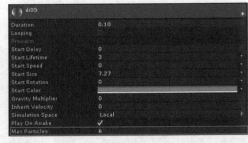

图9-39

■步骤02■ 为粒子添加"yanhuo_00100.dds"图像文件，如图9-40所示。然后在基础属性卷展栏中设置Start Lifetime（初始生命）为0.3，如图9-41所示。接着在Size over Lifetime（大小生命周期的变化）卷展栏中设置Size（大小）属性的曲线，如图9-42所示。

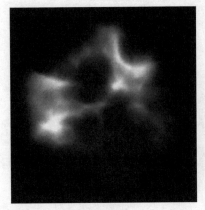

图9-40

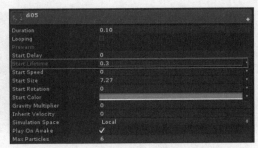

图9-41

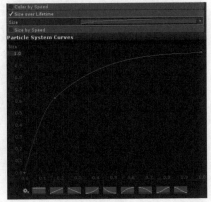

图9-42

步骤03 在Color over Lifetime（颜色生命周期的变化）卷展栏中设置Color（颜色）属性的色标，如图9-43所示。然后在基础属性卷展栏中设置Start Rotation（初始旋转）为（0，360），如图9-44所示。修改后的效果如图9-45所示。

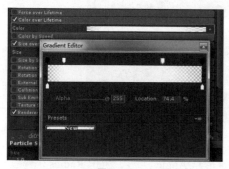

图9-43　　　　　　　　　　　　　　图9-44　　　　　　　　　　　　　　图9-45

步骤04 按快捷键Ctrl+D复制出一个粒子，然后在Renderer（渲染）卷展栏中设置Render Mode（渲染模式）为Billboard（公告栏的渲染），如图9-46所示。接着在基础属性卷展栏中设置Start Speed（初始速度）为0.1，如图9-47所示。最后设置Start Lifetime（初始生命）为0.2，使粒子的生命时间尽量短一些，做出快速出现、快速消失的效果，如图9-48所示。

图9-46

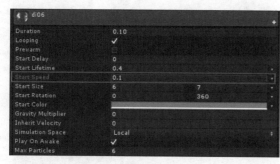

图9-47

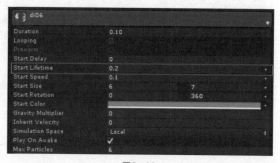

图9-48

步骤05 为粒子添加"xulie_penjian021_2x4.dds"图像文件，如图9-49所示。然后在Texture Sheet Animation（贴图的UV动画）卷展栏中设置Tiles的X为4、Y为2，如图9-50所示。接着在Color over Lifetime（颜色生命周期的变化）卷展栏中设置Color（颜色）属性的色标，如图9-51所示。

图9-49

图9-50　　　　　　　　　　　　　图9-51

步骤06 新建一个粒子系统，在Shape（外形）卷展栏中设置Shape（外形）为Cone（圆锥形）、Angle（角度）为60、Radius（半径）为0.3，如图9-52所示。然后为粒子添加"wuti_00019.dds"图像文件，如图9-53所示。接着在基础属性卷展栏中设置Start Rotation（初始速度）为（0，360），如图9-54所示。

图9-52

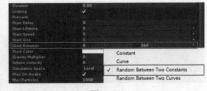

图9-53　　　　　　　　　　图9-54

步骤07 设置Start Size（初始大小）（0.1，0.3），如图9-55所示。然后设置Max Particles（最大粒子数）为6，如图9-56所示。接着在Emission（发射）卷展栏中设置Rate（速率）为0、Bursts（爆开）的Particles（粒子）为50，如图9-57所示。

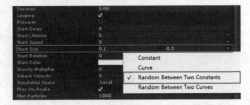

图9-55

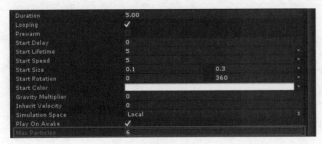

图9-56

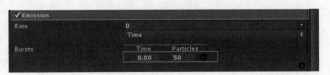

图9-57

步骤08 在Limit Velocity over Lifetime（粒子生命周期内限速模块）卷展栏中设置Dampen（阻力）为0.1，如图9-58所示。然后在基础属性卷展栏中设置Gravity Multiplier（调节重力）为1.5，如图9-59所示。接着设置Start Speed（初始速度）为（10，20），如图9-60所示。

图9-58

图9-59

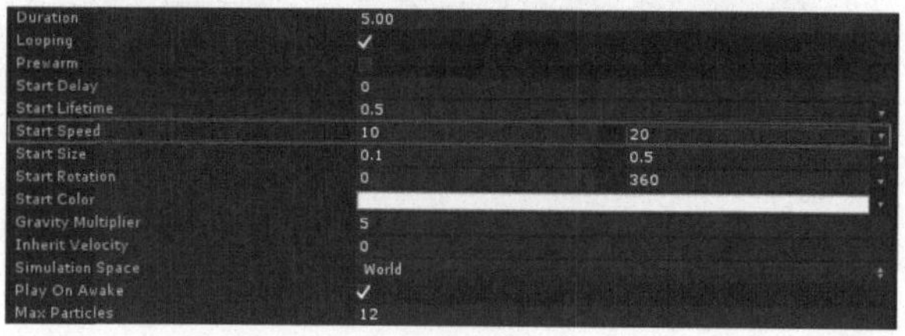

图9-60

步骤09 按快捷键 Ctrl + 6，在打开的对话框中单击Add Curve（添加曲线）按钮，如图9-61所示。然后在打开的菜单中选择Scale（比例大小），如图9-62所示。接着在第1帧处设置Scale.x、Scale.y、Scale.z均设置为0，最后拖曳尾帧，将时间轴缩短，如图9-63所示。

步骤10 给其他4个模型也制作类似的缩放动画，然后错开缩放的开始时间，如图9-64所示。接着给每个模型添加模型Tint Color（浅色调）动画，如图9-65所示。最后将所有冰锥调整为在同一时间消失，如图9-66所示。

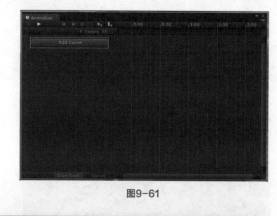

图9-61

图9-62

图9-63

图9-64

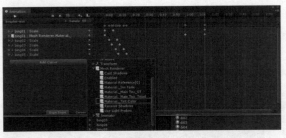

图9-65

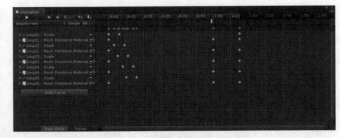

图9-66

步骤11 在Color over Lifetime（颜色生命周期的变化）卷展栏中设置Color（颜色）属性的色标，如图9-67所示。然后按快捷键Ctrl+D复制出4个特效完成的空集，分别对应其他的冰锥效果，如图9-68所示。接着在基础属性卷展栏中设置Start Size（初始大小）为15.8，如图9-69所示。最后设置Start Delay（初始延迟）为0.2，如图9-70所示。

图9-67

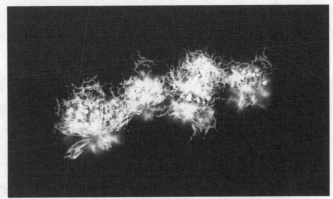

图9-68

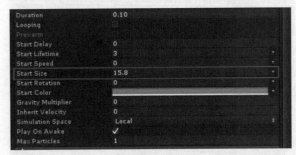

图9-69

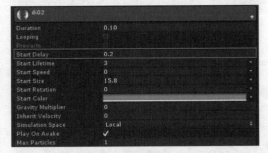

图9-70

9.2.5 人物动作与法术技能的衔接特效

步骤01 按快捷键Ctrl+Shift+N新建一个空集，然后将其拖曳至模型手部的层级下，如图9-71所示。然后新建一个粒子系统，将其作为空集的子级，接着将坐标位置归零，最后取消选择Shape（外形）属性组，如图9-72所示。

图9-71

图9-72

步骤02 在基础属性卷展栏中设置Start Speed（初始速度）为0，如图9-73所示。然后添加"glow_00197.dds"图像文件，如图9-74所示。修改后的效果如图9-75所示。

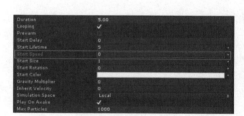

图9-73

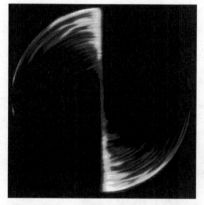

图9-74

图9-75

步骤03 设置Max Particles（最大粒子数）为1，如图9-76所示。然后在Rotation over Lifetime（旋转生命周期的变化）卷展栏中设置Angular Velocity（角速度）为-180，如图9-77所示。接着设置Start Size（初始大小）为3，如图9-78所示。

步骤04 设置Start Lifetime（初始生命）为0.3，如图9-79所示。然后在Color over Lifetime（颜色生命周期的变化）卷展栏中设置Color（颜色）属性的色标，如图9-80所示。接着在基础属性卷展栏中设置Duration（持续时间）为0.20，如图9-81所示。

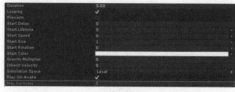

图9-76

图9-77

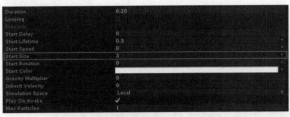

图9-78

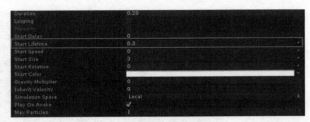

图9-79

图9-80

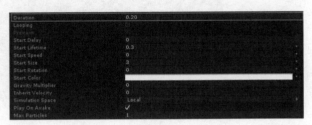

图9-81

步骤05 按快捷键Ctrl+D复制上一个粒子效果，然后将其脱离Hand（手），如图9-82所示。接着在Renderer（渲染）卷展栏中设置Render Mode（渲染模式）为Mesh（模型的渲染），如图9-83所示。最后将Mesh设置为Quad，如图9-84所示。

步骤06 在基础属性卷展栏中设置Start Size（初始大小）为10，如图9-85所示。然后在Velocity over Lifetime（粒子生命周期速度偏移模块）卷展栏中设置Z为100，如图9-86所示。接着在Size over Lifetime（大小生命周期的变化）卷展栏中设置Size（大小）属性的曲线，如图9-87所示。

图9-82

图9-83

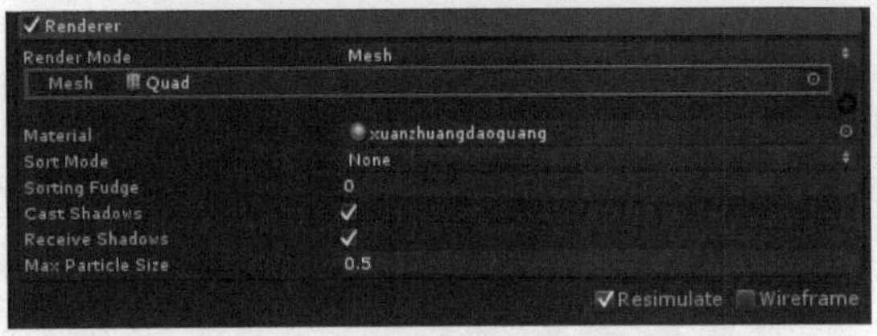

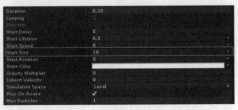

图9-84

图9-85

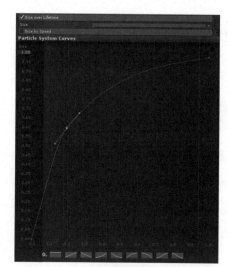

图9-86

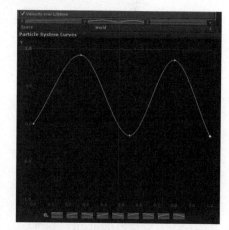

图9-87

步骤07 根据冰锥位置，在Velocity over Lifetime（粒子生命周期速度偏移模块）卷展栏中调整Y的曲线，以符合整体动态效果，如图9-88所示。然后在基础属性卷展栏中设置Start Delay（初始延迟）为0.2，如图9-89所示。接着根据视觉效果以及自己的风格微调各项参数，最终完成整个效果，如图9-90所示。

图9-88

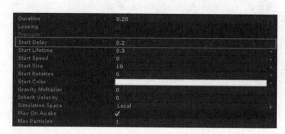

图9-89

图9-90

9.3 龙卷风特效案例讲解

案例位置	Examples>CH09>LongJuanFeng.unitypackage
素材位置	Footage>CH09
难易指数	★★★☆☆

　　本节主要讲解龙卷风特效的制作。龙卷风特效在实际游戏中运用得比较频繁，如果要让玩家体验到身临其境的效果，那么需要制作出龙卷风的体积感。在制作龙卷风特效前，可以在网上搜索龙卷风的特征，然后结合模型的动态效果来制作，最终效果如图9-91所示。

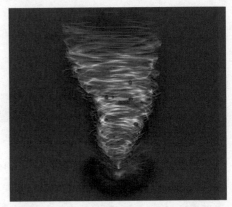

图9-91

9.3.1　3ds Max建模

　步骤01 打开3ds Max，然后在Create（创建）面板中选择Cone（圆锥），如图9-92所示。接着绘制一个类似圆锥的形状，但角度不需要很明显，如图9-93所示。最后在Modify（编辑）面板中设置Sides（边数）为12，如图9-94所示。

图9-92

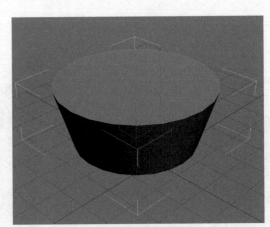

图9-93

图9-94

步骤02 按F4键，显示出模型的线框，以便观察分段数，如图9-95所示。然后设置Height Segments（高度分段）为1，如图9-96所示。

步骤03 选择模型，然后单击鼠标右键，在打开的菜单中选择"Convert to（转换为）>Convert to Editable Poly（转换为可编辑多边形）"命令，如图9-97所示。然后在Modify（编辑）面板中选择面模式，如图9-98所示。

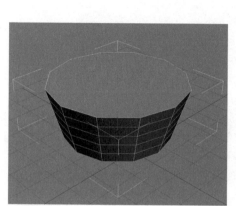

图9-95

图9-96

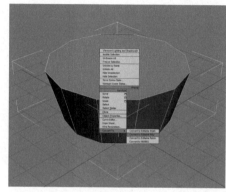

图9-97

图9-98

步骤04 选择模型上下两端的面，如图9-99所示。然后按Delete键删除选择的面，如图9-100所示。接着将模型的位移坐标X、Y、Z轴归零，如图9-101所示。

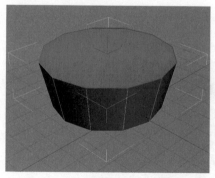

图9-99

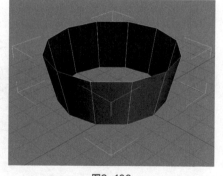

图9-100

图9-101

步骤05 按M键打开Material Editor（材质编辑器）对话框，如图9-102所示。然后选择第1个材质球，单击Diffuse（散开）属性后面的■按钮，如图9-103所示。接着在打开的Material/Map Browser（材质/贴图浏览器）对话框中选择Checker（棋盘格）选项，最后单击OK（确定）按钮，如图9-104所示。

图9-102

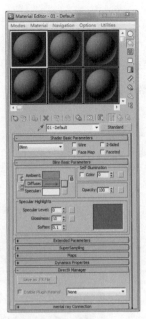
图9-103

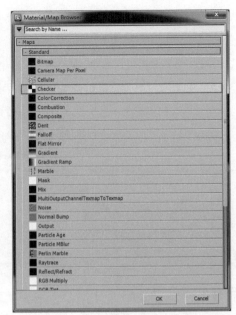
图9-104

步骤06 选择第1个材质球，然后设置Tiling（序列图里的参数）为（10，10），如图9-105所示。接着将材质赋予模型，如图9-106所示。

图9-105

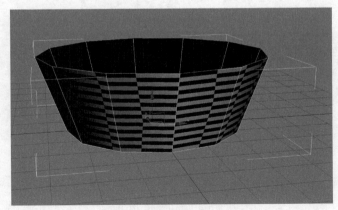
图9-106

步骤07 在修改器列表中选择Unwrap UVW（UVW 展开），如图9-107所示。然后单击Edit（编辑）按钮，在打开的Edit UVWs（编辑UVW）对话框中检查UV是否正确，如图9-108所示。

步骤08 选择模型，然后单击应用程序图标，选择"Export（导出）> Export Selected（选导出选定对象）"命令，如图9-109所示。接着将导出的路径指定到选择Unity3D的文件夹中，再在打开的对话框中取消选择Animation（动画）、Cameras（摄像机）和Lights（灯光）选项，最后单击OK（确定）按钮，如图9-110所示。

图9-107

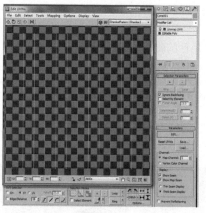

图9-108

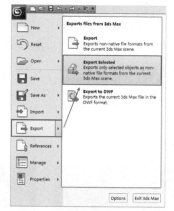

图9-109

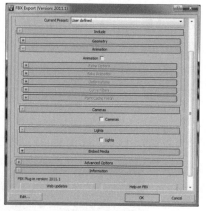

图9-110

9.3.2 形态

步骤01 新建一个空集，将坐标位置归零，然后命名为"longjuanfeng"，接着新建一个Particle System（粒子系统），命名为"01"，再将其位置归零，最后添加"yanhuo_00056.dds"图像文件，以体现龙卷风的体积感，如图9-111所示。

步骤02 在Shape（外形）卷展栏中设置Shape（外形）为Cone（圆锥形）、Angle（角度）为8、Radius（半径）为0.1，如图9-112所示。然后在基础属性卷展栏中设置Start Lifetime（初始生命）为1.5，如图9-113所示。接着设置Start Speed（初始速度）为13，如图9-114所示。

图9-111

图9-112

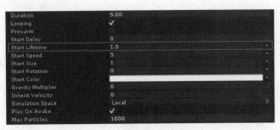

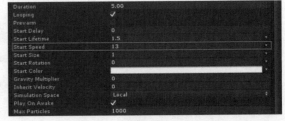

图9-113　　　　　　　　　　　　　　　　图9-114

步骤03 设置Start Rotation（初始旋转）为（0，360），如图9-115所示。然后设置Start Size（初始大小）为（4，6），如图9-116所示。接着在Size over Lifetime（大小生命周期的变化）卷展栏中设置Size（大小）属性的曲线，如图9-117所示。从龙卷风特效可以看出，龙卷风并不是一个圆柱形，而是由小慢慢变大的形态。

步骤04 在Color over Lifetime（颜色生命周期的变化）卷展栏中设置Color（颜色）属性的色标，如图9-118所示。然后在Velocity over Lifetime（粒子生命周期速度偏移模块）卷展栏中调整X和Y的曲线，根据龙卷风的动态效果制作关键帧动画，如图9-119所示。接着设置Start Color（初始颜色），如图9-120所示。

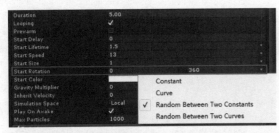

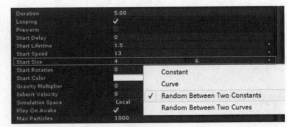

图9-115　　　　　　　　　　　　　　　　图9-116

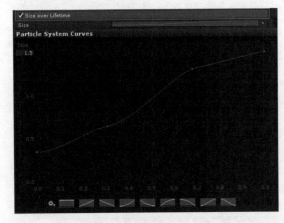

图9-117

图9-118

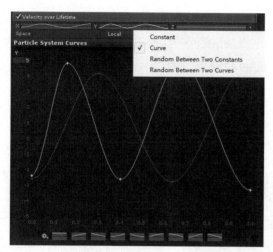

图9-119

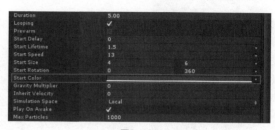

图9-120

·步骤05· 按快捷键Ctrl+D复制01，然后重命名为"02"，接着添加"glow_00071.dds"图像文件，用来制作一个类似螺旋状的外圈，如图9-121所示。再在Renderer（渲染）卷展栏中设置Render Mode（渲染模式）为Horizontal Billboard（平行的渲染），如图9-122所示。

图9-121

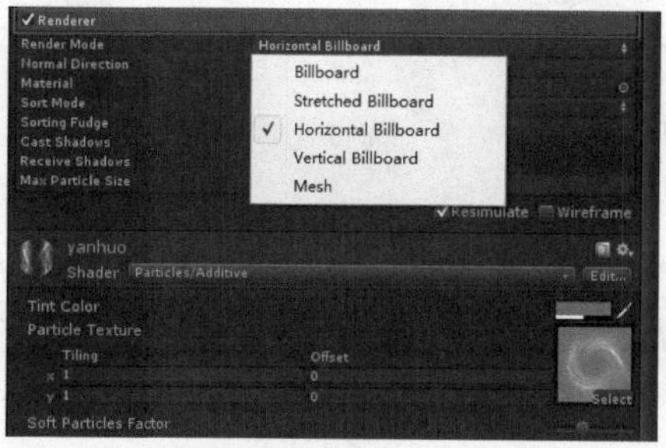

图9-122

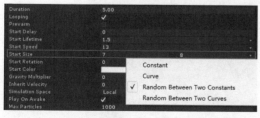

图9-123

·步骤06· 设置Start Size（初始大小）为7，如图9-123所示。然后在Rotation over Lifetime（旋转生命周期的变化）卷展栏中设置Angular Velocity（角速度）为−300，如图9-124所示。

图9-124

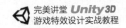

▪步骤07▪ 按快捷键Ctrl+D复制02，然后重命名为"03"，接着为其添加"yanhuo_00018.dds"图像文件，做一个亮色的圈，使其更具有
层次感和立体感，如图9-125所示。接下来设置Start Color（初始颜色），使效果偏亮色一点，也可以用两个颜色进行叠加，使它的色彩更
丰富一些，如图9-126所示。最后设置Start Size（初始大小）为（5，8），如图9-127所示。

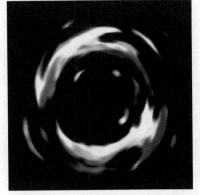

图9-125

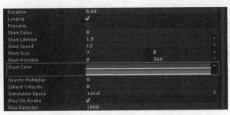

图9-126

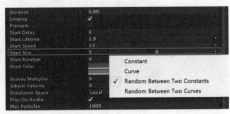

图9-127

▪步骤08▪ 按快捷键Ctrl+D复制黑烟，然后在Renderer（渲染）卷展栏中设置Render Mode（渲染模式）为Mesh（模型的渲染），如图
9-128所示。接着指定在3ds Max中制作的模型，如图9-129所示。

图9-128

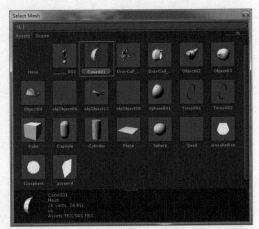

图9-129

▪步骤09▪ 取消选择Shape（外形）属性组，如图9-130所示。然后
在Renderer（渲染）卷展栏中设置Sorting Fudge（排序校正）为
−20，如图9-131所示。接着设置Start Size（初始大小）为（8，10），
如图9-132所示。

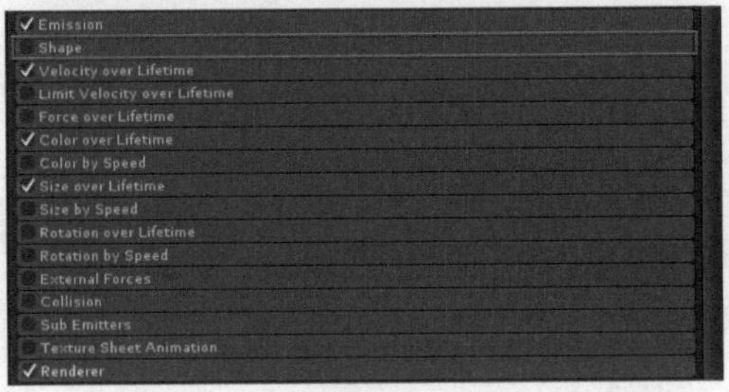

图9-130

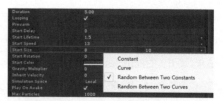

图9-131　　　　　　　　　　　　图9-132

步骤10 为效果添加 "glow_00135.dds" 图像文件，如图9-133所示。然后设置Start Color（初始颜色），如图9-134所示。接着在 Rotation over Lifetime（旋转生命周期的变化）卷展栏中设置Angular Velocity（角速度）为－200，如图9-135所示。

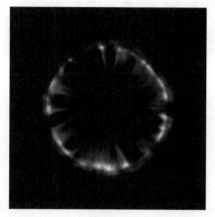

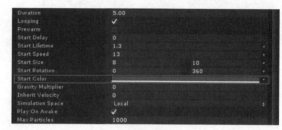

图9-134

图9-133　　　　　　　　　　　　图9-135

步骤11 按快捷键Ctrl+D复制上一个效果，然后添加 "wuti_00053.dds" 图像文件，如图9-136所示。接着设置Start Size（初始大小）为（0.3，0.5），如图9-137所示。最后设置Start Color（初始颜色），也可以用它本来的颜色，如图9-138所示。

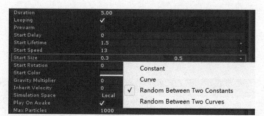

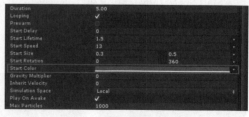

图9-136　　　　　　　图9-137　　　　　　　　图9-138

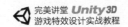

步骤12 在Renderer（渲染）卷展栏中设置Sorting Fudge（排序校正）为−100，如图9-139所示。然后在Shape（外形）卷展栏中设置Shape（外形）为Cone（圆锥形）、Angle（角度）为8、Radius（半径）为2.5，如图9-140所示。接着在Emission（发射）卷展栏中设置Rate（速率）为5、Bursts（爆开）的Particles（粒子）为1，如图9-141所示。最后设置Start Lifetime（初始生命）为1.2，如图9-142所示。

图9-139

图9-140

图9-141

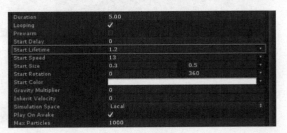

图9-142

9.3.3 地面

步骤01 新建一个粒子系统，将其位置归零，然后添加"yanhuo_00275.dds"图像文件，用来制作龙卷风飞起的烟尘，如图9-143所示。接着在Renderer（渲染）卷展栏中设置Render Mode（渲染模式）为Stretched Billboard（拉伸的渲染），如图9-144所示。最后设置Start Speed（初始速度）为0.1，如图9-145所示。

图9-143

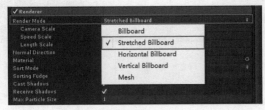

图9-144

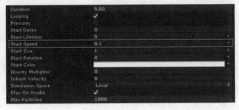

图9-145

▪步骤02▪ 设置Start Lifetime（初始生命）为0.5，如图9-146所示。然后在Shape（外形）卷展栏中设置Shape（外形）为Cone（圆锥形）、Angle（角度）为60、Radius（半径）为0.5，如图9-147所示。接着设置Emit from（发射方式）为Base Shell（表面发射），不让粒子乱飞，如图9-148所示。

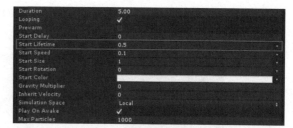

图9-146

图9-147

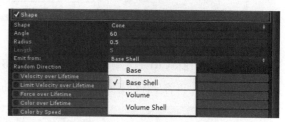

图9-148

▪步骤03▪ 在Size over Lifetime（大小生命周期的变化）卷展栏中设置Size（大小）属性的曲线，如图9-149所示。然后在Color over Lifetime（颜色生命周期的变化）卷展栏中设置Color（颜色）属性的色标，如图9-150所示。接着在Emission（发射）卷展栏中设置Rate（速率）为50，如图9-151所示。

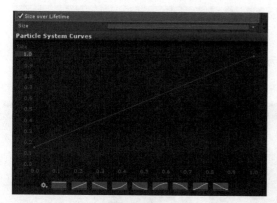

图9-149

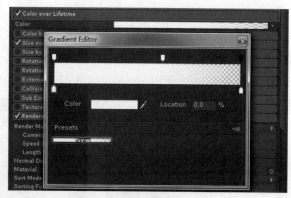

图9-150

图9-151

步骤04 设置Start Size（初始大小）为（3，4），如图9-152所示。然后根据整个特效的颜色来设置Start Color（初始颜色），如图9-153所示。

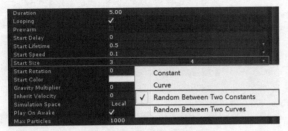

图9-152

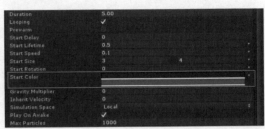

图9-153

步骤05 按快捷键Ctrl+D复制上一个效果，然后将Start Color（初始颜色）整体调亮，如图9-154所示。接着新建一个粒子系统用来制作地面效果，再将坐标位置归零，最后取消选择Shape（外形）卷展栏，如图9-155所示。

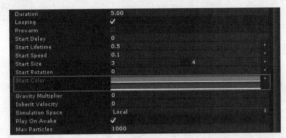

图9-154

图9-155

步骤06 设置Start Speed（初始速度）为0，如图9-156所示。然后为粒子添加"yanhuo_00267.dds"图像文件，如图9-157所示。接着在Renderer（渲染）卷展栏中设置Render Mode（渲染模式）为Horizontal Billboard（平行的渲染），如图9-158所示。

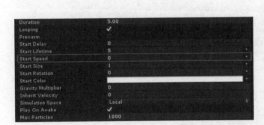

图9-156

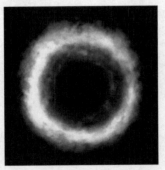

图9-157

图9-158

步骤07 在Size over Lifetime（大小生命周期的变化）卷展栏中设置Size（大小）属性的曲线，如图9-159所示。然后设置Start Rotation（初始旋转）为（0，360），如图9-160所示。接着在Color over Lifetime（颜色生命周期的变化）卷展栏中设置Color（颜色）属性的色标，如图9-161所示。

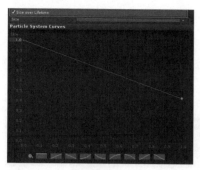

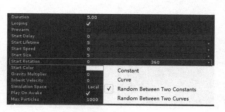

图9-159　　　　　　　　　　　图9-160　　　　　　　　　　　图9-161

步骤08 在Emission（发射）卷展栏中设置Rate（速率）为2，如图9-162所示。然后设置Start Lifetime（初始生命）为2.5、Start Size（初始大小）为25以及Start Color（初始颜色），如图9-163所示。

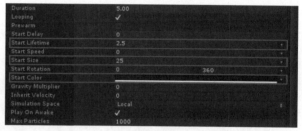

图9-162　　　　　　　　　　　　　　　　　图9-163

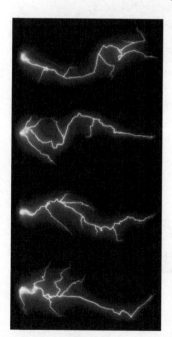

步骤09 新建一个粒子系统，将其坐标位置归零，然后添加"xulie_shandian002_1x4.dds"图像文件，用来制作龙卷风中的发射闪电，如图9-164所示。接着在Renderer（渲染）卷展栏中设置Render Mode（渲染模式）为Stretched Billboard（拉伸的渲染），如图9-165所示。最后设置Length Scale（拉伸长度）为－5，如图9-166所示。

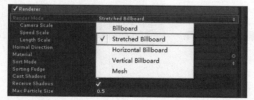

图9-164　　　　　　　　　　　图9-165　　　　　　　　　　　图9-166

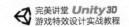

▪步骤10▪ 设置Sorting Fudge（排序校正）为−100，如图9-167所示。然后在Texture Sheet Animation（贴图的UV动画）卷展栏中设置Tiles的X为1、Y为4，如图9-168所示。

图9-167

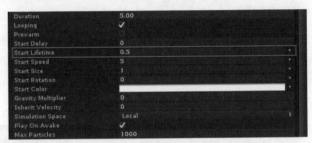
图9-168

▪步骤11▪ 在基础属性卷展栏中设置Start Lifetime（初始生命）为0.5，如图9-169所示。然后设置Start Speed（初始速度）为0.1，如图9-170所示。接着在Shape（外形）卷展栏中设置Shape（外形）为Cone（圆锥形）、Angle（角度）为20、Radius（半径）为0.5，如图9-171所示。

图9-169

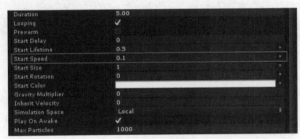
图9-170

图9-171

▪步骤12▪ 设置Start Size（初始大小）为（1.5，2.5），如图9-172所示。然后在Emission（发射）卷展栏中设置Rate（速率）为3，如图9-173所示。

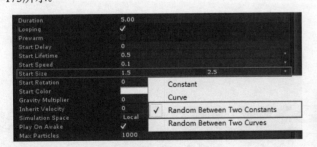
图9-172

图9-173

9.3.4 设置动画

步骤01 按快捷键Ctrl+6打开动画曲线对话框，然后单击Add Curve（添加曲线）按钮，如图9-174所示。接着新建一个动画文件，并保存到Animation（动画）文件下，如图9-175所示。最后单击Add Curve（添加曲线）按钮，在打开的菜单中选择Rotation（旋转）动画，如图9-176所示。

图9-174

图9-175

图9-176

步骤02 设置Rotation.y为360，然后拖曳关键帧到第3至4秒处，如图9-177所示。然后选择动画文件，在Inspector（检测）面板中选择Loop Time（循环时间）选项，如图9-178所示。

步骤03 至此动画制作完成，播放龙卷风特效观察效果，如图9-179所示。还可以根据自己的想法继续添加更多的效果，例如，给龙卷风添加位移上的动画，以表现出移动方式的攻击效果，或者复制出一个或多个龙卷风，以表现更大范围的攻击效果。

图9-177

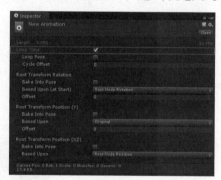
图9-178

图9-179

9.4 火焰气波特效案例讲解

案例位置	Examples>CH09>HuoYanQiBo.unitypackage
素材位置	Footage>CH09
难易指数	★★★☆☆

本节主要介绍火焰气波特效的制作方法，该效果是由模型配合粒子来完成的。制作效果前先导入人物模型，检查模型动画是否正确。

火焰气波特效的整个动作可以分成三段，第1段制作一个聚气的效果，第2段制作施法时向外打击的效果，第3段是喷射出的火焰，最终效果如图9-180所示。

图9-180

9.4.1 聚气

聚气的效果可以直接把特效绑在人物的手上，让粒子跟着人物的运动方式进行发射，并且在预备打击的时候添加一个光效。

1.手部拖尾

▪步骤01▪ 按快捷键Ctrl+Shift+N新建一个空集，命名为"shou_01"，然后将坐标归零，如图9-181所示。接着在Hierarchy（资源）视图中找到人物模型里面手部的位置"Hero_fabo>Bip001>Bip001 Pelvis> Bip001 Spine>Bip001 Spine1>Bip001 Spine2>Bip001 Neck>Bip001 L Clavicle>Bip001 L UpperArm>Bip01 L Forearm>Bip001 L Hand"，将新建的空集拖曳到该层级中，如图9-182所示。

图9-181

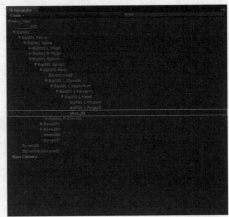

图9-182

步骤02 把拖过去的空挂点坐标位置归零，如图9-183所示。这样它就呈现出绑在手上的效果。

图9-183

步骤03 新建一个Particle System（粒子系统），将其作为shou_01的子级，然后将坐标位置全部归零，接着命名为"01"，如图9-184所示。最后取消选择Shape（外形）属性组，如图9-185所示。

图9-184

图9-185

步骤04 设置Start Speed（初始速度）为0，如图9-186所示。然后设置Simulation Space（模拟控件）为World（世界坐标），如图9-187所示。接着设置Start Lifetime（初始生命）为0.6，如图9-188所示。

步骤05 为粒子添加"fire01.png"图像文件，如图9-189所示。然后设置Start Rotation（初始旋转）为（0，360），如图9-190所示。接着在Color over Lifetime（颜色生命周期的变化）卷展栏中设置Color（颜色）属性的色标，如图9-191所示。

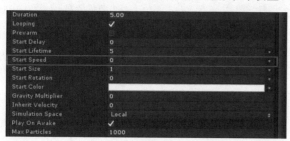

图9-186

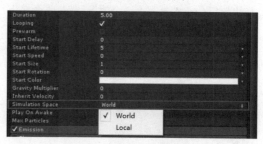

图9-187

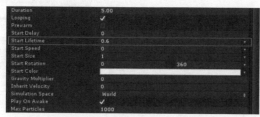

图9-188

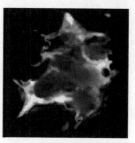

图9-189

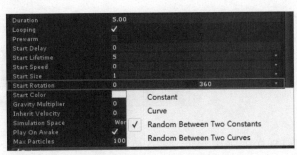

图9-190　　　　　　　　　　　　　图9-191

步骤06 设置Start Size（初始大小）为（2，4），如图9-192所示。然后在Size over Lifetime（大小生命周期的变化）卷展栏中设置Size（大小）属性的曲线，如图9-193所示。接着在Emission（发射）卷展栏中设置Rate（速率）为15，如图9-194所示。

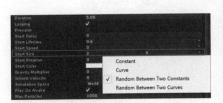

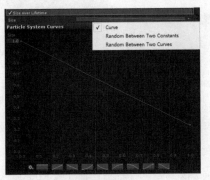

图9-192　　　　　　　　　　图9-193　　　　　　　　　　图9-194

步骤07 按快捷键Ctrl+D复制上一个效果，然后重命名为"02"，接着为其添加"smoke01.png"图像文件，如图9-195所示。再设置Start Color（初始颜色），如图9-196所示。最后在Color over Lifetime（颜色生命周期的变化）卷展栏中设置Color（颜色）属性的色标，如图9-197所示。

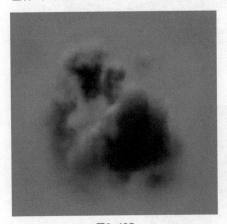

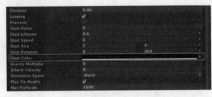

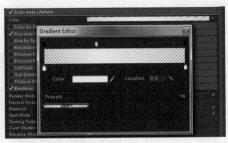

图9-195　　　　　　　　　　图9-196　　　　　　　　　　图9-197

步骤08 因为制作的烟雾要在火焰的下面，所以需要设置烟雾的层级关系。在Renderer（渲染）卷展栏中设置Sorting Fudge（排序校正）为50，使该效果在火焰的后面进行叠加，如图9-198所示。然后在Size over Lifetime（大小生命周期的变化）卷展栏中设置Size（大小）属性的曲线，如图9-199所示。

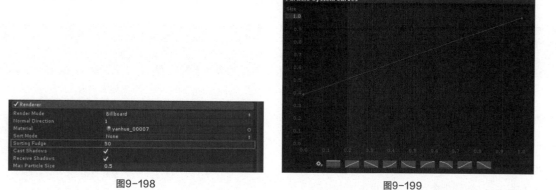

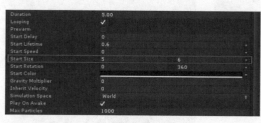

图9-198

图9-199

步骤09 为了使该效果和手部火焰区分开来，因此设置Start Size（初始大小）为（5，6），如图9-200所示。然后设置Start Lifetime（初始生命）为0.8，使该效果比火焰存在的时间更久一些，如图9-201所示。

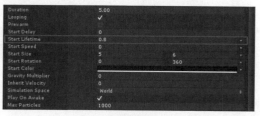

图9-200

图9-201

步骤10 按快捷键Ctrl+D复制手部火焰01，用来制作手部发射火焰飘出的小粒子，然后将其重命名为"03"接着添加"glow1.png"图像文件，如图9-202所示。 最后在Color over Lifetime（颜色生命周期的变化）卷展栏中设置Color（颜色）属性的色标，如图9-203所示。

图9-202

图9-203

步骤11 在Shape（外形）卷展栏中设置Shape（外形）为Sphere（球形），如图9-204所示。然后设置Radius（半径）为2，如图9-205所示。为了让粒子更明显、更直观地表现出来，选择Emit from Shell（从发射器表面发射）选项，如图9-206所示。

图9-204

图9-205

图9-206

步骤12 为了使粒子不受法线控制，从而产生随机飞散的效果，选择Random Direction（随机方向）选项，如图9-207所示。然后设置Start Size（初始大小）为（0.8，1.5），如图9-208所示。接着设置Start Lifetime（初始生命）为0.8，如图9-209所示。

图9-207

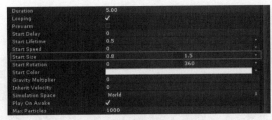

图9-208

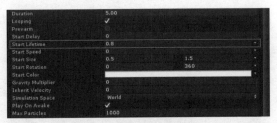

图9-209

步骤13 设置Start Speed（初始速度）为0.2，，如图9-210所示。然后取消选择Looping（循环）选项，如图9-211所示。接着设置Duration（持续时间）为1.8，如图9-212所示。

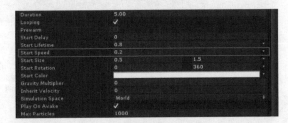

图9-210

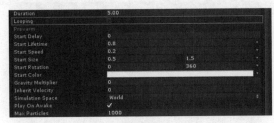

图9-211

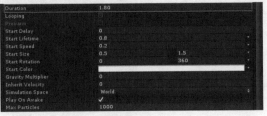

图9-212

步骤14 当左手的效果完成后，可以把整个效果复制出一份给右手"Hero_fabo>Bip001>Bip001 Pelvis> Bip001 Spine>Bip001 Spine1>Bip001 Spine2>Bip001 Neck>Bip001 R Clavicle>Bip001 R UpperArm>Bip01 R Forearm>Bip001 R Hand"，然后将其坐标位置归零，如图9-213所示。这样手部的聚气效果即制作完成，如果觉得两只手的效果太统一，也可以修改它里面的其他参数，如发射数量的增加以及发射大小的变化等。

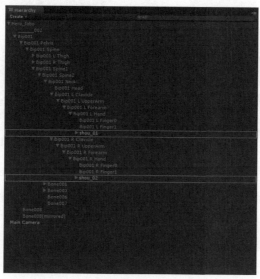

图9-213

2.手部光效

步骤01 新建一个粒子系统，将其坐标位置归零，然后拖曳到"Hero_fabo>Bip001>Bip001 Pelvis> Bip001 Spine>Bip001 Spine1>Bip001 Spine2>Bip001 Neck>Bip001 R Clavicle>Bip001 R UpperArm>Bip01 R Forearm>Bip001 R Hand"处。如图9-214所示。

步骤02 取消选择Shape（外形）属性组，如图9-215所示。然后设置Start Speed（初始速度）为0，如图9-216所示。接着添加"glow2.png"图像文件，如图9-217所示。

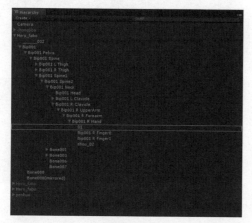

图9-214

图9-215

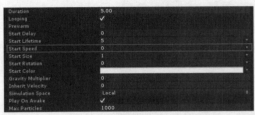

图9-216

图9-217

步骤03 设置Start Rotation（初始旋转）为（0，360），如图9-218所示。然后设置Start Lifetime（初始生命）为0.2，使粒子瞬间发射出来，如图9-219所示。接着在Rotation over Lifetime（旋转生命周期的变化）卷展栏中设置Angular Velocity（角速度）为50，如图9-220所示。

步骤04 设置Start Size（初始大小）为4，如图9-221所示。然后在Size over Lifetime（大小生命周期的变化）卷展栏中设置Size（大小）属性的曲线，使粒子由大到小，如图9-222所示。接着在Color over Lifetime（颜色生命周期的变化）卷展栏中设置Color（颜色）属性的色标，如图9-223所示。

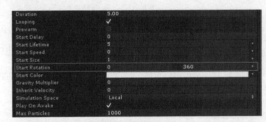

图9-218

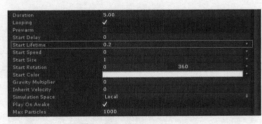

图9-219

图9-220

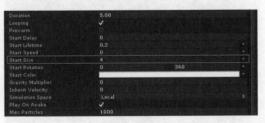

图9-221

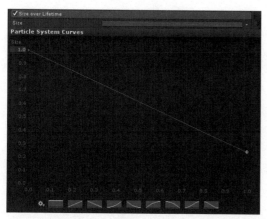

图9-222

图9-223

▪ **步骤05** ▪ 设置Duration（持续时间）为0.5，如图9-224所示。然后设置Start Delay（初始延迟）为1，如图9-225所示。接着取消选择Looping（循环）选项，如图9-226所示。

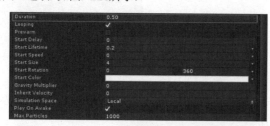

图9-224

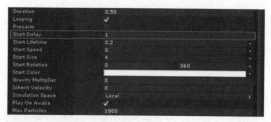

图9-225

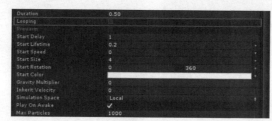

图9-226

9.4.2 喷的效果

▪ **步骤01** ▪ 打开3ds Max，然后在Create（创建）面板中选择Sphere（球形），如图9-227所示。接着在透视图中绘制一个球，如图9-228所示。

▪ **步骤02** ▪ 在制作特效时需要注意，模型的分段数不需要太高，所以在Modify（修改）面板中设置Segments（分段）为20，如图9-229所示。然后按F4键显示模型的线框，如图9-230所示。

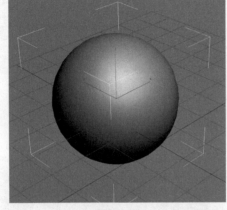

图9-227

图9-228

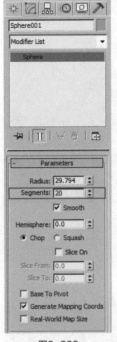

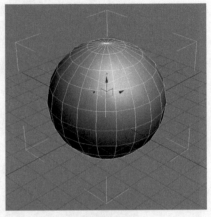

图9-229

图9-230

步骤03 选择球体，然后单击鼠标右键，在打开的菜单中选择"Convert to（转换为）>Convert to Editable Poly（转换为可编辑多边形）"命令，如图9-231所示。接着按F键切换到正视图，如图9-232所示。

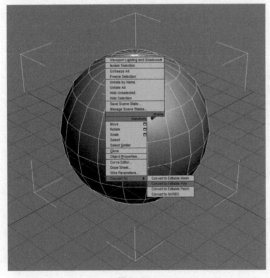

图9-231

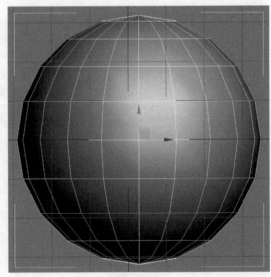

图9-232

步骤04 选择球体,在Modify(编辑)面板中选择面模式,如图9-233所示。然后选择下半部分的面,如图9-234所示。接着按Delete键将其删除,如图9-235所示。

图9-233

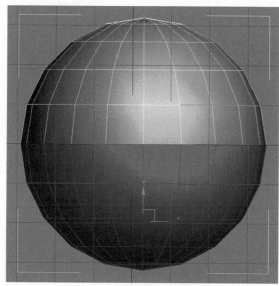

图9-234

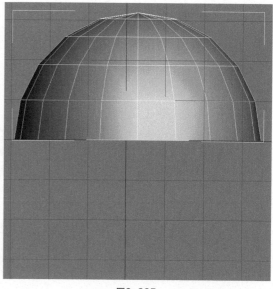

图9-235

步骤05 在Modify(编辑)面板中选择点模式,如图9-236所示。然后选择底部的点,如图9-237所示。接着设置Alpha为0,如图9-238所示。

图9-236

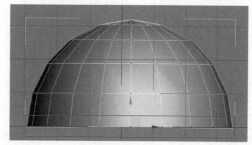

图9-237

图9-238

步骤06 选择倒数第2行的点，如图9-239所示。然后设置Alpha为50，使其有一个渐近的效果，如图9-240所示。

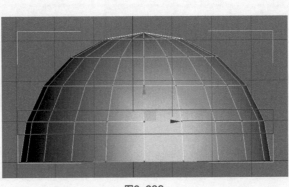

图9-239　　　　　　　　　　　　　　　图9-240

步骤07 按M键打开Material Editor（材质编辑器）对话框，如图9-241所示。然后选择第1个材质球，单击Diffuse（散开）属性后面的■按钮，如图9-242所示。接着在打开的Material/Map Browser（材质/贴图浏览器）对话框中选择Checker（棋盘格）选项，最后单击OK（确定）按钮，如图9-243所示。

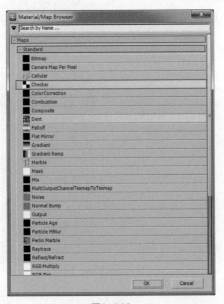

图9-241　　　　　　　　　图9-242　　　　　　　　　　图9-243

步骤08 选择第1个材质球，然后设置Tiling（序列图里的参数）为（20，20），如图9-244所示。接着将材质赋予模型，如图9-245所示。

步骤09 在修改器列表中选择Unwrap UVW（UVW 展开），如图9-246所示。然后单击Edit（编辑）按钮，接着在打开的Edit UVWs（编辑UVW）对话框中检查UV是否正确，如图9-247所示。

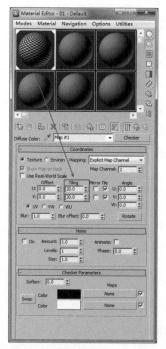

图9-244

图9-245

图9-246

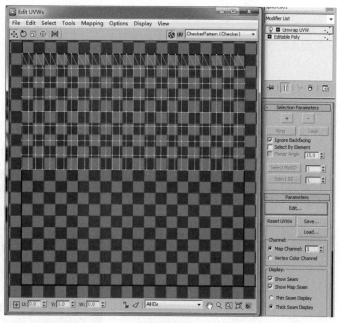

图9-247

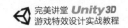

步骤10 选择模型, 然后单击应用程序图标⑤, 选择 "Export（导出）> Export Selected（选导出选定对象）" 命令, 如图9-248所示。接着将导出的路径指定到选择Unity3D的文件夹中, 再在打开的对话框中取消选择Animation（动画）、Cameras（摄像机）和Lights（灯光）选项, 最后单击OK（确定）按钮, 如图9-249所示。

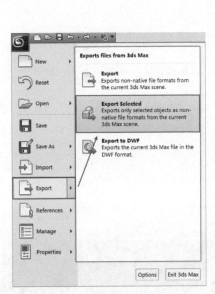

图9-248

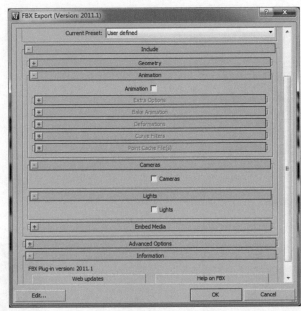

图9-249

步骤11 将半球模型导入Unity3D中, 然后调整模型的位置、大小和方向, 如图9-250所示。然后为半球赋予一个材质, 并添加 "fire2.png" 图像文件, 如图9-251所示。接着在材质卷展栏设置Tiling的*x*为1.8、*y*为0.4, 如图9-252所示。

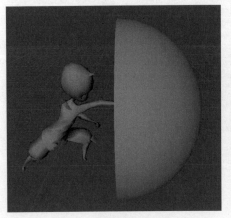

图9-250

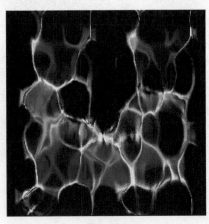

图9-251

图9-252

步骤12 复制上一个效果，然后按R键调整其角度，按E键将模型拉伸，接着调整细节，使其有一个冲击波的效果，如图9-253所示。再按快捷键Ctrl+Shift+N新建空集，命名为"chongjibo"，将其拖曳到模型的正中点，并把冲击波效果的两个模型作为空集的子级，最后按快捷键Ctrl+6，在打开的对话框中为冲击波模型设置动画，如图9-254所示。

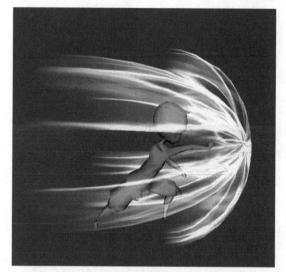

图9-253

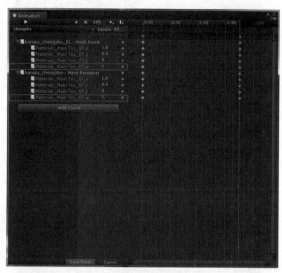

图9-254

步骤13 新建一个Particle System（粒子系统）作为喷火的火源，然后命名为"01"，将其作为chongjibo的子级，接着将坐标位置归零，如图9-255所示。再取消选择Shape（外形）选项，如图9-256所示。最后设置Start Speed（初始速度）为0，如图9-257所示。

图9-255

图9-256

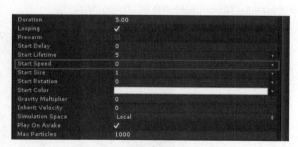

图9-257

步骤14 为粒子添加"glow3.png"图像文件，如图9-258所示。然后把贴图的Shader（着色器）设置为Additive（增加）模式，如图9-259所示。接着设置Start Rotation（初始旋转）为（0，360），如图9-260所示。最后设置Start Lifetime（初始生命）为1，如图9-261所示。

完美讲堂 *Unity3D*
游戏特效设计实战教程

图9-258

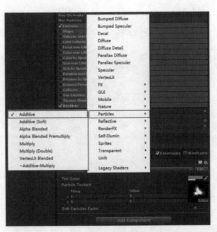

图9-259

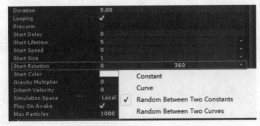

图9-260

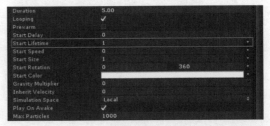

图9-261

▪步骤15▪ 设置Start Size（初始大小）为8，如图9-262所示。然后在Size over
Lifetime（大小生命周期的变化）卷展栏中设置Size（大小）属性的曲线，使粒子由
小到大缩放，如图9-263所示。接着在Color over Lifetime（颜色生命周期的变化）
卷展栏中调整Color（颜色）属性的色标，如图9-264所示。

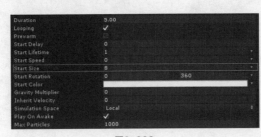

图9-262

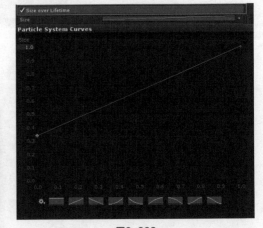

图9-263

▪步骤16▪ 复制上一个效果，重命名为"02"，然后为其添加"splash01.png"图像文件，用来制作向外喷射的效果，如图9-265所示。
接着在Renderer（渲染）卷展栏中设置Render Mode（渲染模式）为Stretched Billboard（拉伸的渲染），如图9-266所示。最后设置
Start Speed（初始速度）为5，如图9-267所示。

276

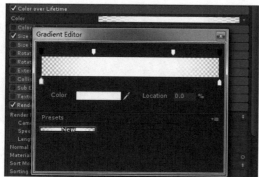

图9-264

图9-265

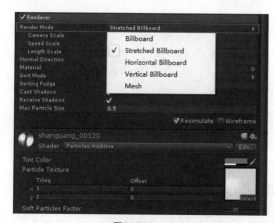

图9-266

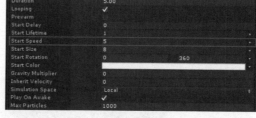

图9-267

■ 步骤17 ■ 在Renderer（渲染）卷展栏中设置Length Scale（拉伸长度）为−2，如图9-268所示。然后在Shape（外形）卷展栏中设置Shape（外形）为Cone（圆锥形）、Angle（角度）为10、Radius（半径）为0.5，如图9-269所示。接着设置Start Size（初始大小）为5，如图9-270所示。最后设置Start Lifetime（初始化生命）为0.5，如图9-271所示。

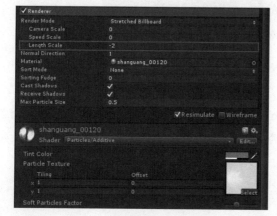

图9-268

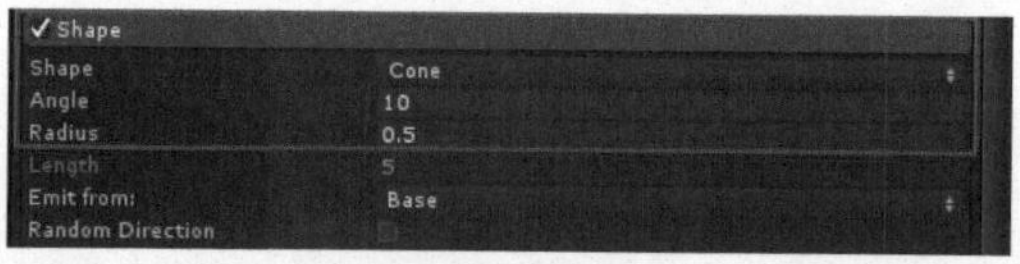

图9-269

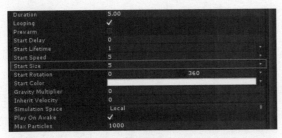

图9-270　　　　　　　　　　　　　　图9-271

步骤18 设置Start Color（初始颜色），如图9-272所示。然后取消选择Looping（循环）选项，如图9-273所示。接着设置Duration（持续时间）为1.8，如图9-274所示。最后调节整个冲击波的Start Delay（初始延迟），使整个效果协调。

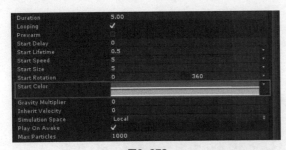

图9-272

图9-273

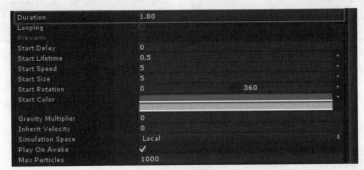

图9-274

9.4.3　喷火

步骤01 按快捷键Ctrl+Shift+N新建空集，重命名为"penhuo"，然后把坐标位置对准前面制作的冲击波，接着新建Particle System（粒子系统），将其作为penhuo的子级，再将粒子的坐标位置和旋转角度归零，使其朝前发射，如图9-275所示。最后添加"fire03.png"图像文件，如图9-276所示。

图9-275

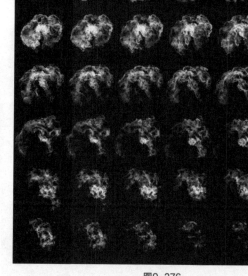

图9-276

步骤02 在Texture Sheet Animation（贴图的UV动画）卷展栏中将Tiles的*X*和*Y*均设置为6，如图9-277所示。然后在Shape（外形）卷展栏中设置Shape（外形）为Cone（圆锥形）、Angle（角度）为5、Radius（半径）为1，如图9-278所示。接着设置Start Rotation（初始旋转）为（0，360），如图9-279所示。最后设置Start Lifetime（初始生命）为1.5，如图9-280所示。

图9-277

图9-278

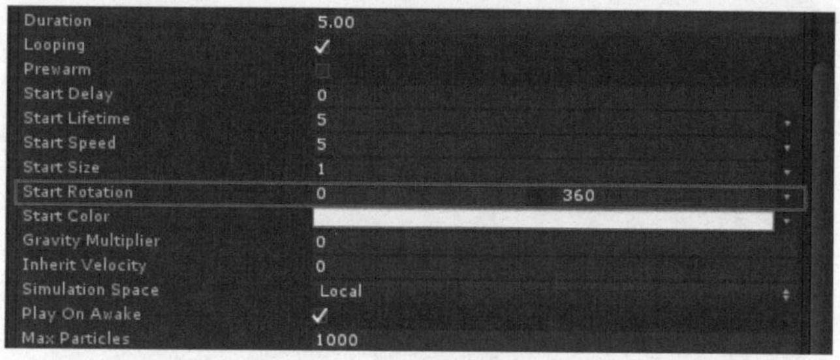

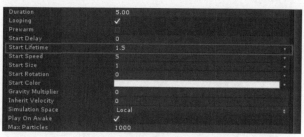

图9-279

图9-280

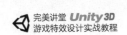

步骤03 设置Start Size（初始大小）为（15，10），如图9-281所示。然后在Size over Lifetime（大小生命周期的变化）卷展栏中设置Size（大小）属性的曲线，如图9-282所示。接着在Color over Lifetime（颜色生命周期的变化）卷展栏中设置Color（颜色）属性的色标，如图9-283所示。

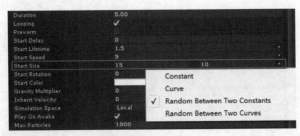

图9-281

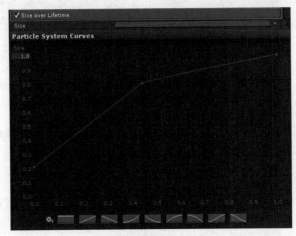

图9-282

图9-283

步骤04 设置Start Speed（初始速度）为25，如图9-284所示。然后设置Start Color（初始颜色），可以调节为两个颜色的变化，如图9-285所示。

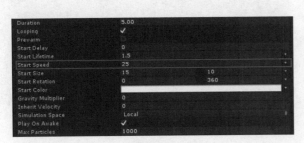

图9-284

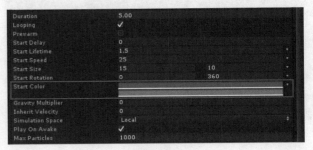

图9-285

步骤05 复制喷火效果，然后添加"smoke02.png"图像文件，用来制作黑烟，如图9-286所示。接着取消选择Texture Sheet Animation（贴图的UV动画）选项，如图9-287所示。最后把贴图的Shader（着色器）设置为Alpha Blended（Alpha混合）模式，如图9-288所示。

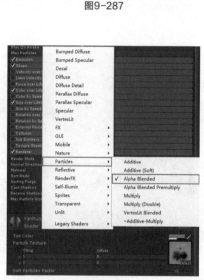

图9-287

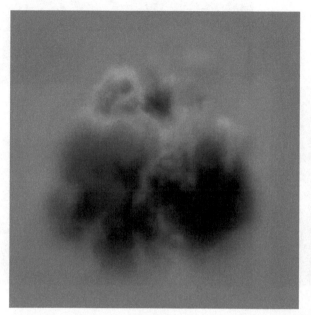

图9-286

图9-288

步骤06 在Color over Lifetime（颜色生命周期的变化）卷展栏中设置Color（颜色）属性的色标，如图9-289所示。然后设置Start Color（初始颜色），如图9-290所示。接着在Renderer（渲染）卷展栏中设置Sorting Fudge（排序校正）为50，使黑烟在喷火的下面，如图9-291所示。

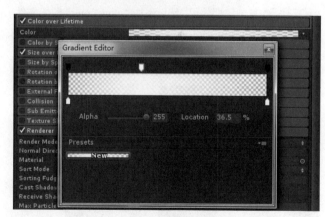

图9-289

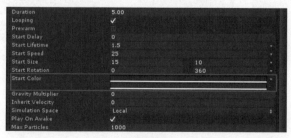

图9-290

图9-291

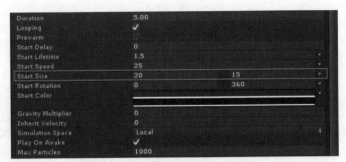

图9-292

▪ **步骤07** ▪ 设置Start Size（初始大小）为（20，15），使黑烟大于喷火，如图9-292所示。然后在Size over Lifetime（大小生命周期的变化）卷展栏中设置Size（大小）属性的曲线，如图9-293所示。接着设置Start Lifetime（初始生命）为1.8，使黑烟比喷火的停留时间稍长一些，如图9-294所示。

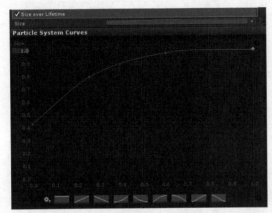

图9-293

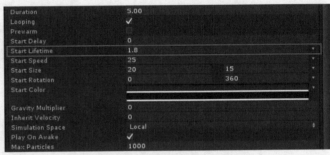

图9-294

▪ **步骤08** ▪ 复制黑烟效果，然后添加"glow4.png"图像文件，用来表现喷火时散出的小火星，如图9-295所示。接着在Renderer（渲染）卷展栏中设置Render Mode（渲染模式）为Stretched Billboard（拉伸的渲染），如图9-296所示。最后设置Start Size（初始大小）为（0.5，0.9），如图9-297所示。

图9-295

图9-296

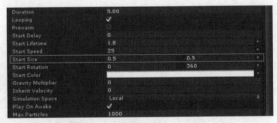

图9-297

步骤09 取消选择Color over Lifetime（颜色生命周期的变化）属性组，使火星效果整体颜色变亮，如图9-298所示。然后在Shape（外形）卷展栏中设置Shape（外形）为Cone（圆锥形）、Angle（角度）为12、Radius（半径）为2.5，如图9-299所示。接着在Velocity over Lifetime（粒子生命周期速度偏移模块）卷展栏中设置X、Y、Z的曲线，如图9-300所示。

图9-298

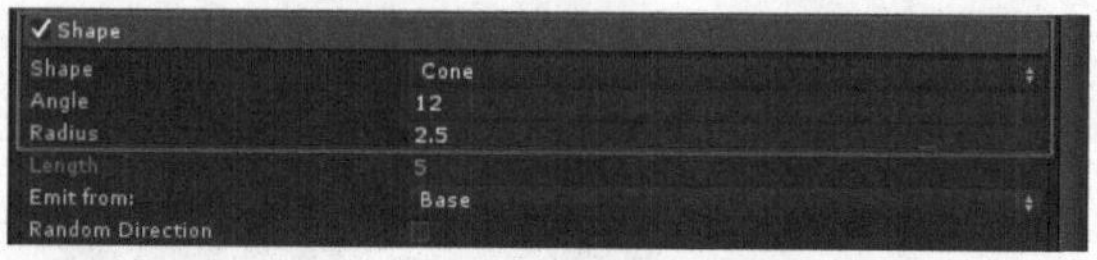

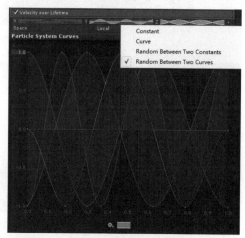

图9-300

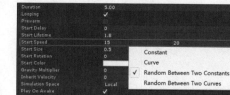

图9-299

步骤10 设置Start Speed（初始速度）为（15，20），如图9-301所示。然后在Size over Lifetime（大小生命周期的变化）卷展栏中设置Size（大小）属性的曲线，如图9-302所示。接着设置Start Lifetime（初始生命）为（0.5，0.8），如图9-303所示。

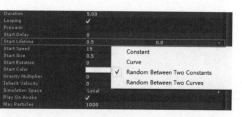

图9-301

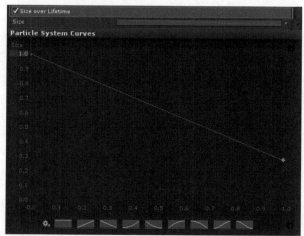

图9-302

图9-303

步骤11 在Renderer（渲染）卷展栏中设置Sorting Fudge（排序校正）为-20，使火星优先于上面的喷火效果，在整个喷火的表面进行发射，如图9-304所示。然后设置Start Delay（初始延迟）为1.5，使火星与喷火的延迟一致，如图9-305所示。

图9-304

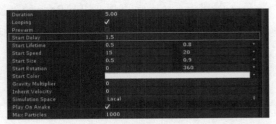

图9-305

步骤12 取消选择Looping（循环）选项，如图9-306所示。这时火焰气波特效即制作完成，如图9-307所示。最后根据动作调整效果的细节，把效果做得更完美。

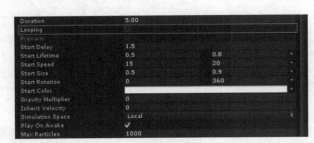

图9-306

图9-307